北京风味菜

南书旺　于海祥　编著

青岛出版集团—青岛出版社

图书在版编目（CIP）数据

北京风味菜 / 南书旺, 于海祥编著. — 青岛 : 青岛出版社, 2022.9

ISBN 978-7-5736-0424-8

Ⅰ.①北…　Ⅱ.①南…②于…　Ⅲ.①菜谱–北京　Ⅳ.①TS972.182.1

中国版本图书馆 CIP 数据核字 (2022) 第 146515 号

BEIJING FENGWEICAI

书　　　名	北京风味菜
编　　　著	南书旺　于海祥
出 版 发 行	青岛出版社
社　　　址	青岛市崂山区海尔路182号（266061）
本 社 网 址	http://www.qdpub.com
邮 购 电 话	0532-68068091
策 划 编 辑	周鸿媛
责 任 编 辑	逄 丹　肖 雷
特 约 编 辑	宋总业　王 燕
摄　　　影	北京浩瀚世视摄影有限公司
封 面 设 计	张 骏
装 帧 设 计	魏 铭　张 骏　叶德永　杨晓雯
插　　　画	石家庄灵感源广告有限公司
制　　　版	乐道视觉创意设计有限公司
印　　　刷	青岛海蓝印刷有限责任公司
出 版 日 期	2022年9月第1版　2022年9月第1次印刷
开　　　本	16开（710毫米×1010毫米）
印　　　张	19
字　　　数	270千
图　　　数	940幅
书　　　号	ISBN 978-7-5736-0424-8
定　　　价	68.00元

编校印装质量、盗版监督服务电话　4006532017　0532-68068050
建议陈列类别：生活类　美食类

目录

第一章
北京菜寻根溯源

第三章

北京风味经典热菜

第四章

北京风味凉菜 / 汤煲

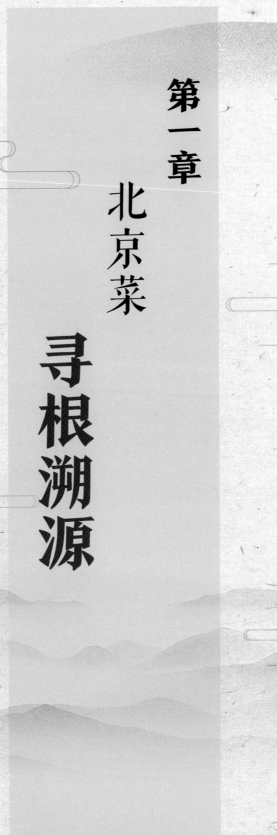

第一章

北京菜

寻根溯源

北京菜的形成与特点

众所周知，北京是我国六大古都之一。它自春秋战国以来一直是我国北方的军事重镇，曾有辽、金、元、明、清五个封建王朝建都于此。北京很早就成为全国的政治、经济、文化中心，除汉族人民外，满族、蒙古族、回族等各族人民在此大量定居。作为"首善之区"的都城，北京为了满足皇室、士大夫和商人等各阶层人士的饮食需求，汇聚了全国各地的美食，菜品丰富多彩。同时作为政治、经济、文化中心，北京又得以不断地吸收国内外饮食文化的精华。正是由于北京具有特殊的历史地位、地理环境，长期以来这里形成了以当地民间饮食为基础的，集南北各地烹饪技艺之长，自成体系的"北京菜"。

回顾历史，对北京菜系的形成影响最大的首推山东风味菜肴。这还要追溯到几百年前……

明末清初，在朝廷中做官的有许多山东人。为了适应他们的饮食需求，许多山东人在北京开起了饭馆，鲁菜被引入京城里。当时卖冷荤食物的店铺称盒子铺，卖烤鸭的店铺称鸭子铺，卖烧肉的店铺称肘子铺，大多数是小本经营。后来经营有方者发展成为名字中带有"堂"字的"堂字号"的饭庄，但由于"堂字号"饭庄菜品价格高，也不接待散座顾客，其地位后来被名字中带有"居"字的"居字号"饭庄所代替。到了民国初年又有"八大楼""八大春"等饭馆闻名京城。饭庄的经营者们由于受到顾客饮食习惯、口味等多种因素的影响，不知不觉地将山东风味菜肴在使用原料、操作方法、

北京胡同

菜肴特点等方面加以改进，以适应北京人的口味和习惯。经过时代的变迁，菜肴的制作者一代传一代，改良的山东菜成为北京菜系的一部分。

宫廷菜对北京菜的影响也很大。这主要是由于辽以来许多朝代建都北京，使北京菜吸收继承了各代宫廷饮食之佳品。可以说宫廷菜经历了一个"取之于民，用之于民"的过程。通俗地讲，宫廷厨师为满足帝王的需要，取各地风味之精华进行改进，制成宫廷菜，而历代宫廷菜又渗入北京城的饮食文化中。特别是明王朝第三个皇帝建都北京以来，宫廷菜对北京菜的影响最大，主要体现在制作技法上，如选料精，下料狠，注意保持原料原汁原味、擅长山珍海味、牛羊肉的烹制等。这些特点已经成为北京菜的重要特点。可以说，北京菜里的宫廷菜是其他任何菜系里都没有的。

不仅如此，北京菜实际上还包含了河南菜、山西菜、东北菜、内蒙古菜的特点，所以北京菜系可称为融合菜系。各式菜肴不但滋味有别，而且有独特的进食方式和烹调技法，如烤鸭、烤肉、涮羊肉这三大代表，各有各的进食方式和烹调技法，这也是其他菜系所不具有的。

总而言之，北京菜的形成不是偶然的，由于它具备了与众不同的条件，故而形成了自己的特色。归纳起来，北京菜有以下几个主要特点。

丰富的菜源

古文有记载，说，北京左环沧海，右拥太行，北枕居庸，南襟河济。这里有山地，有平原，有河流，有湖泊，水甜泉美，动植物资源丰富，素有"宝地"之称。一年四季，水陆八珍接连上市。当地富饶的物产和各地年年给历代宫廷上贡的贡品，为北京饮食文化的形成和发展提供了深厚的物质基础。

厨师在制作北京风味菜肴

俗话说得好，"巧妇难为无米之炊"。没有充足丰富的烹饪原料，技艺再高的厨师也会一筹莫展。而北京为首善之区，五方杂处，百货云集，菜源丰富正是北京菜的一大特点。有得天独厚的原料来源，北京菜的烹调技艺自然随之精益求精，为"京菜"的发展打下了坚实的基础。

独特的烹调技法

北京菜擅长的技法有爆、炒、扒、熘、烤、涮、烩、焖、煎、卤、拌、汆、蒸、燎、锅塌、炸烹、干烧等20多种。随着时代的进步，新的烹调技法在京菜中也随之产生。不同的技法之间有着极其微妙的关系，如煨和焖两种不同的技法，煨制菜汤汁较多，一般不勾芡，而焖制菜汤汁较少，勾米汤芡；在用火上两者也不一样，煨菜用的火候比焖菜的火候小。另外煨菜加热的时间比焖菜的长。在北京菜的烹调技法上，还可以进行细分，如爆有油爆、酱爆、芫爆、葱爆、汤爆等形式。熘有焦熘、软熘、醋熘等形式。

在北京菜的多种烹调技法中，注重火候是它们的共同之处。北京菜是相当讲究火候的，时间上相差一秒两秒，火的温度相差一度半度，都会导致菜肴达不到理想的效果。值得一提的是拔丝技法，可以说它是北京菜的一大特色。它要使糖变成"玻璃体"状态。糖只有处在"玻璃体"状态时才有可塑性，借外力可出现缕缕细丝。使糖转变成"玻璃体"状态主要依靠我们常说的行话"火候"。当把糖炒到"玻璃体"状时，糖的温度在180℃左右，这时是放入原料的最佳时机，也是烹制拔丝菜肴的关键，如果继续加热，糖变成焦糖，菜肴就失败了。由此可见炒糖"火候"的重要性。

另外在火候上，有的菜肴先用文火后用武火，有的先用武火后用文火，还有的部分用文火，部分用武火，然后合在一起做成一道完整的菜肴。如酱爆肚仁这道传统菜肴，选料非常讲究，肚仁切上

炒菜的火候非常重要

花刀，过油时如使用文火，滑油时间长很容易老，产生嚼不动的感觉，达不到脆嫩的效果；如使用武火，油温过高则容易产生肚仁外皮焦而里面不熟的现象。在炒酱时只用武火，酱容易炒煳，而只用文火则炒不出酱的香，并会产生溜酱的现象，不能做成一道合格的酱爆肚仁。

清香脆嫩的口味特点

清香脆嫩可以算作北京菜的主要特色。无论是家畜类、家禽类、水产类食材做的菜肴，还是菌菇类、蔬菜类食材做的菜肴，绝大部分都要求做到"清香脆嫩"。如熘鸡脯要求味鲜、清口、嫩滑，而炸烹虾段则要求鲜香、清口、酥嫩等。又如北京烤鸭之所以成为载誉中外的北京风味名菜，主要原因是它具有皮脆、肉嫩、色艳、味香的特点。

特别值得一提的是，随着改革开放的不断深入，市场越来越繁荣，北京菜也处于一个新的时期，南方菜被引进，西餐的烹饪技法及其特点也渗透到北京菜中。

由此可见，北京菜已经形成了以北方饮食习惯为基础，融合了各地方风味之精华，具有自己特色的完整体系。

老北京四季饮食习俗

在北京菜长期的形成过程中，人们注意到四季的变化对饮食和菜肴原料的影响，在烹制菜肴过程中，力求在用料、口味等环节上适应自然界的变化，可以在不同季节制作不同特色的可口菜肴。如在春季，您可以到菜馆品尝茭白、炸香椿鱼儿、豆苗熘鸡脯等菜肴，它们会给您带来无限的春意。进入夏季，您不妨去尝尝经过厨师精心加工制作成的西瓜盅、什锦果冻，还有凉丝丝、柔软滑嫩的"杏仁豆腐"，您可以品尝到清凉世界的另一种风味。秋季是北京一年中最迷人的季节，无疑也给北京菜增加了些迷人的色彩，这时正值肥蟹上市之际，经营北京菜的柳泉居会推出"全蟹宴"，它可谓北京风味之佳品。冬季，您来到北京可以品尝到用独特烹调技法烹制的拔丝莲子，还可以品尝到用独特方式进食的烤肉、涮羊肉、菊花锅，保您吃得浑身暖洋洋，没有一丝寒意。

老北京春季饮食习俗

北京的春季与其他季节一样有很多风俗。有迎春的庆贺活动，民间有吃春饼、做春盘、咬萝卜的风俗等。自周代起立春日迎春，是先民于立春日进行的一项重要活动，也是历代帝王和庶民都要参加的迎春庆贺活动。北京人讲究到什么节气吃什么，俗话叫"吃鲜儿"。据古书记载，立春日，做春饼、生菜，号春盘。有诗云："咬

立春日要吃春饼

春萝卜同梨脆，处处辛盘食韭菜。"而"炒合菜"是地道的老北京的家常菜，里面有瘦猪肉丝、绿豆芽菜、细粉丝、嫩菠菜、韭菜——所谓咬"春"也就体现在这几种蔬菜里——加入调料炒熟，用烙得薄如宣纸的面饼卷上吃。大户人家还可以放上酱好后切成片的猪肘花，也可以摊上一个圆鸡蛋饼盖在炒好的合菜上，美其名曰"合菜盖被"。传统的北京人在立春这天吃上这一口，一方面是为了应"咬春"的习俗，另一方面这也寓意着在新的一年里一家人能和和美美、顺顺当当儿地生活，正所谓"天地一家春"。"吃"在老北京人的心里不仅仅是为了充饥，更是一种情感的寄托。

老北京夏季饮食习俗

在过去，北京的"三伏天"燥热。老北京人夏季饮食有这样的风俗："头伏饺子，二伏面，三伏烙饼摊鸡蛋。"这说的是旧京数伏天家家信守的饮食民俗。真不知道是什么时候立下的老例儿，直到现在凡是老北京人家还几乎家家依旧。为什么有这么个食俗呢？据说因为老北京伏天时特别炎热，汗流浃背的人们都愿在此时弄些简单少油又清淡爽口的饭食，所以就衍生出伏天吃饺子、面条、烙饼的食俗。

北京人一年四季都爱吃饺子，在头伏天，饺子的品种及用馅也多种多样。品种有水煮饺子、烫面饺子、油煎饺子、锅贴饺子等。饺子馅有纯肉的，有肉拌南瓜或西葫芦的，有一年四季都吃不腻的韭菜馅的，还有用鲜藕、木耳、鸡蛋、口蘑制成的混合馅的。以前的大户人家还能吃上三鲜饺子、虾仁饺子、鱼馅饺子等。

二伏天北京人有吃面条的习惯，仅面条的做法就有好多种，在吃法上很讲季节性。夏天来一碗炸酱面既方便又开胃。当时的北京胡同里，到了午饭时间，大杂院里的街坊四邻聚在一起，每人手里端着一大碗炸酱面，碗里放着一根黄瓜、几瓣去皮的蒜，吃两口炸

炸酱面菜码儿有很多

酱面，咬一口黄瓜，那叫一个香。炸酱面要想好吃，关键在于炸酱。先选四瘦六肥的猪五花肉切成 0.5 厘米见方的小丁，将六必居的干黄酱加入清水澥好，葱、姜切成片。锅里放入油烧热，放入肉丁煸炒，见肉丁变色后放入八角、葱片、姜片，炒出香味后放入黄酱，用中火煸炒，放入料酒微炒，直至锅中的黄酱略干，起了小泡冒出油即可。这样炸出的酱出锅后香气扑鼻。也不能忘了菜码儿（配菜），根据季节，菜码儿一般来说不能低于 6 种，这可能就是老北京炸酱面的独特之处了吧。其美味从老北京关于炸酱面的顺口溜中可见一斑：

青豆嘴儿、香椿芽儿，

焯韭菜切成段儿；

芹菜末儿、莴笋片儿，

狗牙蒜要掰两瓣儿；

豆芽菜，去掉根儿，

顶花带刺儿的黄瓜要切细丝儿；

心里美，切几批儿，

焯豇豆剁碎丁儿，小水萝卜带绿缨儿；

辣椒麻油淋一点儿，芥末泼到辣鼻眼儿。

炸酱面虽只一小碗，七碟八碗是菜码儿。

另外，还有各种打卤面、肉丝氽面、麻酱面等。制作手法则有手擀面、刀削面、小刀切面和抻面等。值得一提的是那用肉片、鸡蛋、黄花菜、木耳、蘑菇打成的卤，味香色美，谁见谁馋。浇上这种浇头儿，再配些青豆、黄豆、香菜、韭菜等菜码儿，味道更加美味，让人吃了这碗想那碗。

每年的末伏，天气已比中伏凉了一些，主妇们在此时多爱烙葱花饼、大荷叶饼作为主食，再煮锅绿豆粥，摊上几个鸡蛋，买点酱猪头肉，拌个蒜茄泥、凉粉，一家合而食之。它们是伏天里不错的清爽美味。

北京也有刀削面

老北京三伏天的食物，虽没有大鱼大肉，有些清淡素口，却是因时宜人的节令食品，很值得传承下去。

早年间的北京，因条件不佳，夏天比现在要难过得多，特别是酷暑难耐的三伏天更难过。老北京人都吃哪些消暑的"佳品"呢？那就是"冰食"。据说，清代有四大冰食佳品，一是酸梅汤，二是西瓜汁，三是杏仁豆腐，四是什锦盘。而民国年间，百姓家在三伏天最盛行自制绿豆汤、莲子汤，以避暑防热。老北京的消夏零食还有雪花酪、漏鱼、凉粉、大冰碗、扒糕等等。赤日炎炎，酷暑难耐，如果午后没点爽口的小零嘴，是不是会感觉整个人都不好了呢？老北京人特别懂得生活，在夏天的小零嘴上可是没少下功夫。小零嘴不仅种类丰富，而且每样都非常精巧，单是看着就让人馋涎欲滴。每到夏天，学生们放学的时候，吃碗凉粉这样的小零嘴确是一件乐事，和现在吃下午茶的意思差不多。还有一样零嘴，那便是扒糕，旧时小贩吆喝时也总把扒糕和凉粉放在一起："扒糕筋道……酸辣凉粉儿呦！"扒糕是用荞麦面做的，将做好的扒糕切成薄片，调料跟凉粉的一样——淋上麻酱、酱油、醋、蒜、芥末、辣椒油，再放上黄瓜丝和胡萝卜丝，吃起来特别筋道爽口，有一股荞麦的香味。曾经还有人作诗咏扒糕，说的是："荞麦搓团样式奇，冷食热食各相宜，北平（北京旧称）特产人称羡，醋蒜还加萝卜丝。"老北京人消夏的零食，讲究而美味，只可惜随着时代的变迁，都在渐渐地离我们远去，甚至大部分年轻人已经不认识它们了。

老北京秋季饮食习俗

北京人自古就有好吃的习惯，并且是到什么季节就吃什么东西，在这方面北京人特别地在意和讲究。老北京人有"吃秋"的习俗，民间亦有"立秋炖大肉"的俗语。为什么要"吃秋"呢？因数伏时节酷热潮湿，人们常出现胸闷不适、四肢无力、出汗较多、精神萎靡、胃口欠佳等症状，使人体日渐消瘦，所谓"一夏无病三分虚"——古人称之为"苦夏"。由于天太热，人们什么都吃不下去，有厌食之感。

一到立秋，虽然有些烦热，但人们的身上再无湿黏、不适之感，于是就开始萌发了要做点好吃的的想法，以补偿入夏以来的"亏空"。该吃什么好呢？最解馋的是炖肉！用吃炖肉的办法把夏天身上掉的肉重新补回来，所以叫"贴秋膘"。这种习惯虽不知是从什么时候开始的，但却流传到了今天。

北京人在这季节吃炖肉别提有多讲究了。家里的主妇们要到市场上买一大块非常新鲜的猪五花肉，买回来洗净，切成方块，放在坛子里，还要放上葱、姜、蒜、花椒、八角、香料包、大酱、盐，用文火炖上。这里面的香料包可不简单，它是由 20 多种香料组成的，用它炖出来的肉香味扑鼻，做出来的成品就是我们所说的老北京"坛子肉"。可以说在这个时候，整个北京城完全沉浸在炖肉的香味里。

老北京还有"秋季补得好，冬天病不找"的俗语。他们认为新粮、应季的蔬果最富有营养。正因上述的缘故，寻常人家讲究"吃秋鲜儿"。入秋后各住户中的主妇们常去购买新上市的玉米面、玉米糁、高粱米，以及当年的小麦磨成的白面，用这些新粮为一家老少蒸制出美味的枣窝头、枣馒头、懒龙、花卷以及玉米糁粥、高粱米饭等花样主食。或者割点肉，买点新上市的韭菜、茴香、小白菜制作出馋人的水饺、锅贴、菜团子、糊饼、馅盒子等。家境较好的四合院人家入秋后常烹制红烧肉、红烧鱼、炖鸡、炖鸭等富含蛋白质的肉类佳肴来贴秋膘。人们品尝着甘甜鲜脆的果实，心情感到无比愉悦，整个四合院里洋溢着温馨和谐的气氛。

词有云："秋早快持螯，大嚼尖团随意足，开筵赏菊兴尤豪。"说的是北京秋季吃螃蟹的盛况。俗话说："秋风起，蟹脚痒；菊花开，闻蟹来。"秋季，菊香蟹肥，正是人们品尝河蟹的最好时光。河蟹，肉质细嫩，味道鲜美，为上等水产。据说，蟹，自古就有"四味"

老北京讲究"吃秋鲜儿"

之说。"大腿肉",肉质丝短纤细,味同干贝;"小腿肉",丝长细,美如银鱼;"蟹身肉",洁白晶莹,胜似白鱼;"蟹黄",口感软嫩,含有大量人体必需的蛋白质、脂肪、维生素等成分,营养丰富。特别是大闸蟹,肉质细嫩,膏似凝脂,味道鲜美,是蟹中上品,价值不菲。到了这个季节这样的美食老北京人自然不会放过,并且他们非常讲究吃胜芳河蟹。那里水土好,出产的蟹肉质鲜嫩。据说还分雌雄两性来吃,有七尖八团之说,指的是农历七月吃尖脐(雄蟹)——有白如脂膏的蟹油。八月吃团脐(雌蟹)——顶盖肥,有满满的蟹黄。正是如此,厨师们也是费尽苦心,搞了许多有关蟹的美食创意,如生蒸大闸蟹、香辣蟹、姜葱蟹、椒盐蟹等。史料记载九月九重阳节时,慈禧太后要到万寿山的景福阁吃48道菜,均系用胜芳河蟹烹制而成,谓之全蟹宴。老北京人吃蟹时一定要带姜醋汁一起食用。姜祛寒,醋提味。据说这两种原料合二为一最能保护蟹肉原有的鲜美风味。

在北京以前有家位于前门外肉市口路东的"正阳楼饭庄",秋冬季节以蒸螃蟹和涮羊肉出名。还有新街口南护国寺西口的北京老字号柳泉居饭庄经营秋季蟹宴也有一定的名气。他家的蟹宴只在秋季经营。六道冷菜,六道热炒,点心,水果,最后奉送红糖水。并且还要配有一套精美考究的食蟹家什,俗称蟹八件。准备吃蟹的工具,便于去掉甲壳,取出蟹肉。吃完螃蟹后小伙计随即捧上一小铜盆温水,里面放有菊花瓣、绿茶叶,让客人洗去手指上的蟹腥。再送上红糖水,以去寒气。都说吃西餐应该左叉右刀,讲究太多,吃着费劲,要跟柳泉居饭庄吃蟹宴比起来,真算是"小儿科"。到柳泉居吃蟹宴其实玩的成分更大,赏菊、吟诗、喝黄酒,再品蟹宴,缺一不可,还有那么多食蟹的小玩具。此时吃已然退居二线,代之以充满情趣的赏玩和迷人的文化韵味。

如今北京人的生活无限美好,饮食上再不缺少大鱼大肉,人们在进入秋季后更需多吃些蔬果、五谷杂粮以平衡膳食,使身体更加健康,延年益寿。民以食为天,这些老北京的秋季美食会一直流传下去。

中秋赏菊、吃蟹实为人生快事

老北京冬季饮食习俗

北京的冬天漫长而寒冷。对于"猫冬"的北京人来说，外面冰天雪地，屋内一家人围着火炉吃一顿热乎乎的饭菜，既暖胃又暖心，实在是人生一大幸事！提到老北京冬天的美食那不得不说老北京的炭火铜锅涮肉。

老北京流传着一首与冬季有关的九九歌：

一九二九，不出手；

三九四九，冰上走；

五九六九，沿河看柳；

七九河开，八九雁来；

九九加一九，耕牛遍地走。

……

这每一个"九"的第一天，和最后一个"九"的最后一天，便是老北京人吃火锅的日子，所以这火锅也称九九锅。也就是说老北京人一个冬天至少要吃十次火锅。老北京人吃火锅很有讲究。头一次吃火锅吃的是涮羊肉。从"一九"过后，以后的八个"九"吃的火锅各不相同，有山鸡锅、白肉锅、银鱼锅等等。

另外，老北京人在冬季还喜欢吃冰糖葫芦、糖炒栗子这类小吃。冰糖葫芦又叫糖葫芦，在东北地区被叫作糖梨膏，在天津被叫作糖墩儿，在安徽凤阳等地被叫作糖球。冰糖葫芦是北京的传统小吃，它是将山楂用竹扦穿成串后蘸上麦芽糖稀制成的。糖稀遇冷风会迅速变硬。糖葫芦吃起来又酸又甜。糖炒栗子是京津一带别具地方风味的著名小吃，也是具有悠久历史的传统美味。它呈深棕色，油光锃亮，皮脆易剥，香甜可口。栗子的来源原以怀柔居多，现在则是

冰糖葫芦又酸又甜

迁西板栗打天下。

久居京城的"老北京"都知道这么一句话——送信儿的腊八粥。"送信儿"的意思是说，每年到了农历十二月初八（民间又称腊八）就要过年了。俗话"送信儿"的"腊八粥"是指腊八这一天家家都要熬一大锅腊八粥，还在亲友邻居之间互相馈赠。粥里放入杂豆、杂米和多种干果，意味着一年之中五谷丰登。腊八这天，老北京人除了喝粥以外，还要用醋泡蒜，封入坛子里，为的是大年初一就着饺子吃。

其实，早年皇城根儿下的多数老北京人的冬天，过得既不富裕，也不热闹。可就是在这些单调的日子里，他们却能找出乐趣，活出滋味来。

北京传统名吃

烤肉

到了冬天，老北京的"烤肉"也是一种特色美食。据说烤肉起源于宋末元初。忽必烈率军东征西讨，叫军队厨师为大军预备军粮时，发明了炊饼就烤肉的吃法。这样不但节省制作时间，而且食物可随军携带。

老北京有两家烤肉名店，南边的是地处宣武门内路东的"烤肉宛"，北边的是在什刹海北岸临近鼓楼附近的银锭桥的"烤肉季"，号称"南宛北季"。北城烤肉季的店主人姓季，南城的烤肉宛也是因店主姓宛而得名。烤肉宛以烤牛肉著称，而烤肉季卖的是烤羊肉，后来两家店都发展成北京有名的老字号餐馆。

烤肉宛是一家百年老字号餐馆，也是北京南城的著名餐馆之一。老北京人都喜欢到烤肉宛进食。客人进屋落座之后，堂倌会笑嘻嘻地欢迎道："您又来了，今儿个来多少？"客人回答说："一人半斤！""成啦，您哪！"不一会儿，端上来一个大盘子，里面是烤好的牛肉。烤肉宛的烤肉选料精细，肉都是经过特殊腌制的，然后由烤肉师傅在特制的烤肉炙子上，加上调料仔细翻烤。而且根据食客要求可以将肉烤至不同的成熟度。将烤肉用特制的大瓷盘子端上桌，那可真是香气四溢、肉嫩可口。堂倌还用大筷子把烤肉夹到每位客人的盘子中，就着烤肉宛精致的芝麻烧饼吃，真是美味。这种吃法没烟没水，那时称为"文吃"。

　　地处什刹海附近的烤肉季也是一家百年老店，旧时是"武吃"。过去的爷们儿吃烤肉时，火烧得旺旺的，火上面是用大铁条做的大约有桌面大小的肉炙子；人人手执二尺长的"六道木"（长筷子），在烤肉炙子旁，一只脚蹬在长条板凳上，将腌渍好的肉摊在松香缭绕的烤肉炙子上。这羊肉在炙子上发出声音。烤时自己取料，掌握火候。边烤边饮酒，在酣畅淋漓中体味"武吃"的乐趣。烤肉季烤肉有几种独特的吃法，不同形式，不同风味。以口味细分，有"老、嫩、焦、煳、甜、咸、辣"等口味。"怀牛抱月"的吃法尤其有特点：烤时肉摊成一圈，中间打个鸡蛋，与肉凝成一体后烤熟，好吃又好看。烤好的肉焦香酥脆，似煳非煳。上百年间，烤肉季一直生意不衰，靠的是"三绝"。一绝是烤羊肉。烤羊肉精选原料，经过调味，在特制的炙子上烤熟后，口感滑美，不腥不膻。二绝是观景，烤肉季地处的什刹海是老北京著名的燕京小八景之一——银锭观山之处，据说站在银锭桥极目远眺，可见北京西山，傍晚雨后更可观斜阳。三绝是赏荷，落座烤肉季，可见后海满池荷花。有文人雅士曾吟诗赞其意境之美："银锭品味烤肉时，数里红莲映碧池。好似天香楼上坐，酒澜人醉语丝丝。"前几年烤肉季恢复了"武吃"的吃法，受到民众的欢迎和喜爱，因为它毕竟体现了老北京的传统风情！

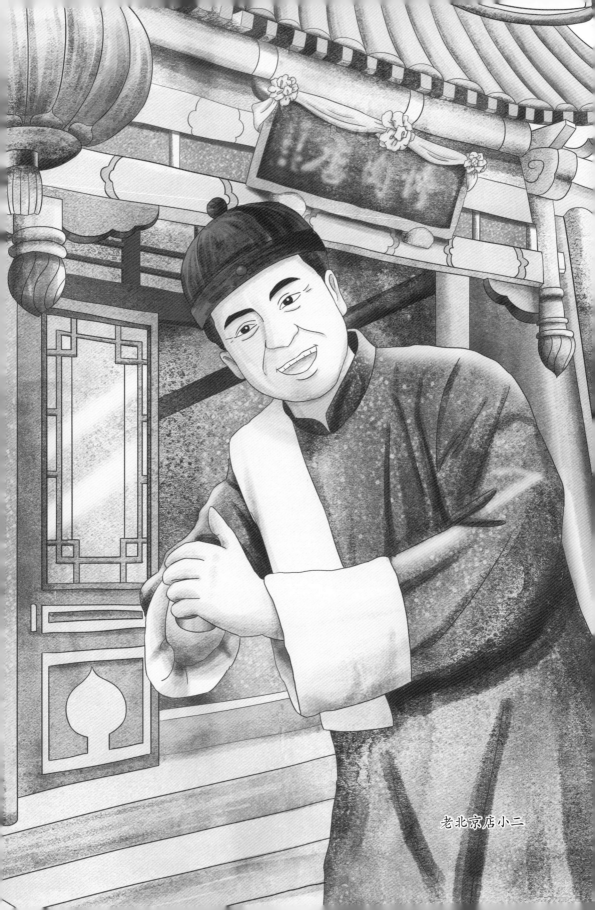

老北京店小二

涮羊肉

在北京，提起"涮羊肉"，几乎人尽皆知。因为这道佳肴吃法简便、味道鲜美，所以深受欢迎。

据说涮羊肉起源于宋末元初。当年忽必烈统帅大军南下远征。一日，人困马乏，饥肠辘辘，他猛然想起家乡的菜肴——清炖羊肉，于是吩咐部下杀羊烧火。正当伙夫宰羊割肉时，探马飞奔进帐报告敌军逼近。饥饿难忍的忽必烈一心等着吃羊肉，他一面下令部队开拔，一面喊："羊肉！羊肉！"厨师知道他性情暴躁，于是急中生智，飞刀切下10多片薄肉，放在沸水里搅拌几下，待肉色一变，马上捞入碗中，撒下细盐端上去。忽必烈连吃几碗，然后翻身上马率军迎敌，结果旗开得胜。在筹办庆功酒宴时，忽必烈特别点了那道羊肉片。厨师选了绵羊嫩肉，切成薄片，再配上各种调料给大家吃。将帅们吃后赞不绝口。厨师忙迎上前说："此菜尚无名称，请帅爷赐名。"忽必烈笑答："我看就叫'涮羊肉'吧！"从此"涮羊肉"就成了游牧民族的一道佳肴。

涮羊肉发展成为今日的羊肉火锅形式始于清代。乾隆年间举办了几次规模宏大的"千叟宴"，其中就有羊肉火锅。据文献记载，羊肉锅子，为岁寒时最普通之美味，须于羊肉馆食之。此等吃法，乃北方游牧遗风加以研究进化，而成为特别的风味。

据说光绪年间，北京一家羊肉馆的老掌柜买通了太监，从宫中偷出了"涮羊肉"的配方，才使这道美食传至民间，为普通百姓享用，并一直流传至今，后来又演变成多种版本的涮羊肉，成为人们餐桌上受人喜爱的美食之一。

一九二九
不出手
三九四九
冰上走
五九六九
沿河看柳
七九河开
八九雁来
九九加一九
耕牛遍地走

北京涮羊肉要用炭火铜锅

烤鸭

烤鸭是北京传统名吃，也是风味独特的中国名菜。以北京填鸭为主料烤制而成。"京师美馔，莫过于鸭，而炙者尤佳"。"忆京都，填鸭冠寰中。焖烤登盘肥而美，加之炮烙制尤工"。这些都是历代文人对北京烤鸭的赞美之词。

据说，烤鸭起源于北宋时期，那时的"汴京烤鸭"就是现在北京烤鸭的原型。据记载，蒙古大军破临安后，大将伯颜曾将临安城里的百工徙至大都（今北京），烤鸭技术就这样传到了北京，烤鸭成为元宫御膳之一。后来进一步改进，发展成为北京烤鸭。到了清代，无论是乾隆皇帝还是慈禧太后都特别喜欢吃烤鸭，为此御膳房增设了专做烤鸭等妙馔的"包哈局"（包哈为满语，即下酒菜）。清代，在北京专门经营烤鸭的店铺就有几十家。其中专门经营挂炉烤鸭的"全聚德"烤鸭店技术精湛，烤出的鸭子皮脆、肉嫩、色艳、味香，油多不腻，久吃不厌，其声誉至今不衰。

北京烤鸭，不仅用的鸭子品种独特，烤技高超，而且片鸭手法也实在是一门艺术。烤鸭出炉后，片鸭师能在五六分钟内将一只烤鸭片出 100 ～ 120 片，且做到片片形如丁香叶状，片片皮肉相连。吃烤鸭的方法也是多种多样的，不过卷在荷叶饼里，蘸上甜面酱，夹入葱丝食用是极好的。喜食甜味的还可蘸上白糖。

北京烤鸭现已成为中国的名菜。但凡到北京的中外宾客莫不以品尝烤鸭为快事。"到北京，不到长城非好汉，不吃烤鸭真遗憾！"正是这一心情的生动描述。

北京烤鸭誉满天下

北京小吃

北京小吃历史悠久，早在元代就已出现，融合了汉族、回族、蒙古族、满族等多民族风味小吃以及明朝、清朝宫廷小吃而形成其自身的体系，品种多，风味独特。北京小吃的叫卖方式也别具一格，散发着浓郁的乡土气息，充分体现了它的民族性、地方性。北京小吃是北京城饮食风俗的一块"活化石"，是中华饮食文化的重要组成部分，是宝贵的文化遗产。老北京小吃是土生土长、极具地方特色的，其中有些品种是北京当地独有的。

老北京的小吃不仅花样多，还有季节性。比如，正月吃年糕、元宵、羊霜肠，二月吃盆糕、枣糕、大煎饼，三月吃馓子、豌豆黄，四月吃驴打滚，五月吃粽子，六月吃扒糕，七月吃冰碗，八月吃月饼，九月吃白汤杂碎，十月吃金糕，十一月吃白薯，十二月吃腊八粥，这些也只是老北京小吃中的一小部分而已。

炒肝儿

"稠浓汁里煮肥肠……一声过市炒肝儿香"。北京炒肝儿历史悠久，可能是由宋代民间食品"熬肝"和"炒肺"演变发展而来的，是北京的名吃。现在很多餐馆特别是早点铺都在经营。北京人喜食炒肝儿的食客有很多，他们习惯于清晨买上一碗炒肝儿，就着肉包子或火烧吃，有些老北京嗜此成癖，几乎每天都要吃上一两碗。

炒肝儿是老北京常见的小吃

特别是一些老食客，用他们的话说："喝上两碗正宗的京味炒肝儿，那醇厚鲜美的风味，真叫一个地道。"

名曰"炒肝儿"，其实主料以猪肠为主，猪肝作为配料只占这道菜的三分之一。"炒肝儿"这个名字起得很奇怪，因为这种小吃不是用炒法制成的，而且用的猪肝又很少，实际上是"烩肥肠"。可是很久以来为什么人们都管它叫"炒肝儿"呢？据说，炒肝儿在北京已有数百年的历史了。早年间在前门外有一家饭馆叫"会仙居"，经营"白水杂碎"。白水杂碎是以猪肠、猪肝、猪心、猪肺切成段，加调料煮成的，但猪心、猪肺不受食客欢迎，都被扔掉了。

以前，在北京有一份报纸叫《北平晚报》，曾有一位主编叫杨曼清，他经常到会仙居饭馆吃饭。他见许多人把猪心、猪肺都扔掉了，就给掌柜的出招儿说："你们干脆把白汤杂碎里的猪心、猪肺去掉，只留下猪肝、猪肠，再加上酱油，煮开后勾芡，起名就叫'炒肝儿'吧！过些日子我在报纸上为你们宣传一下。"掌柜的一听连声叫好，于是根据杨先生的办法去做，又加上猪骨汤、八角、蒜、黄酱等调味品，最后用淀粉勾芡。精心制作的炒肝儿香味扑鼻，浓郁可口，从早到晚一直供应，大受食客的欢迎。再加上有《北平晚报》的宣传，会仙居的炒肝儿一下子在北京名声大噪，炒肝儿这个名字也就一直沿袭下来。当时京城就出现了一个歇后语："会仙居的炒肝儿——没早没晚。"

但毕竟炒肝儿的原料便宜，制作简单，时间一长，许多小商小贩相继效仿。于是街头巷尾陆续出现了许多经营炒肝儿的摊贩。到了20世纪30年代初，在会仙居的斜对面也开设了一家专营炒肝儿的店铺——天兴居。天兴居的掌柜为使北京炒肝儿得以继承发扬，更为了提高炒肝儿的质量，高薪请了原会仙居的老师傅掌灶，并改进了制作方法。一是设专人洗肠子，洗之前去掉肠头、肠尾，保证肠的鲜美。二是猪肝选用肝尖部位。三是改进调料，用上好酱油和味精。勾芡用的淀粉更为讲究。购进之前，掌柜的先要冲一碗看看，如果透明清亮，价钱贵一些也无妨，反之则根本不用。后来连盛炒肝儿的小碗都是特别定制的，盛上炒肝儿后，如宝盏含晶，稀稠适度，色泽喜人。这样一来天兴居炒肝儿的风味和销售量很快就赶上并超过了会仙居。后来，会仙居和天兴居合并在了一起。炒肝儿也成了天兴居的特色而一直流传至今。

现在在京城经营炒肝儿的餐馆很多，人们对这道名吃一直也没有忘怀。随之而来的是以炒肝儿为说辞的俏皮话。看来炒肝儿已经深深地扎根在京城食客的心里。另外老北京吃炒肝儿也有讲究，不用筷子，不用勺，只需手托碗底，嘴唇沿着碗边边转边喝，那情景别有风味。1992 年天兴居的北京炒肝儿被评为"北京名小吃"。既是美食家又是书法家的郭庆瑞老先生，曾写下了赞美北京炒肝儿的藏头诗："天时地利助成名，兴旺人和生意隆。居友邀朋畅饮处，北国特色别风情。京城最爱这一口，炒料肥肠切段形。肝片斜条如柳叶，香滑嫩透色泽明。"

酸梅汤

这是北京传统的冷饮，历史悠久、制法考究、滋味醇厚，成为京味传统美食的代表之一。酸梅汤，我国古已有之，早在周代就出现了酸梅汤的雏形，到了清朝酸梅汤更是成为皇室的日常饮品。老北京人喝的酸梅汤是由清宫御膳房传到民间的方子配制而成的，素有"清宫异宝，御制乌梅汤"之说。据说最为讲究的酸梅汤，不用水煮，而用沸水浸泡酸梅。饮时也绝不往碗里加冰，而是在汤罐外用碎冰块"镇"，所以酸而不烈，甜而不酽，冰而不钻牙床。

清代郝懿行所作《都门竹枝词》中有"铜碗声声街里唤，一瓯冰水和梅汤"的诗句。酸梅汤的叫卖方式也很奇特，是"敲冰盏儿"，打出各种清脆的声响来，吆喝着顾客。那曾是老北京夏天的一景。老北京售卖酸梅汤的店铺伙计和小贩们掂打着"冰盏儿"（一种老北京的叫卖工具——两个小铜碗，一上一下发出清脆的叮当声），

清宫异宝，御制乌梅汤

并吆喝着："又解渴，又带凉，又加玫瑰又加糖，不信您就来碗儿尝……"孩子们听到门外的叫卖声，便向家长要了钱，飞跑到大门外，去买自己喜欢的酸梅汤了。早年间北京非常有名的酸梅汤店铺首先是琉璃厂信远斋，再就是前门大栅栏九龙斋。

信远斋所制的酸梅汤色深如醇酒，色深代表了汤浓。据说用的乌梅只要广东东莞产的，制作方法也是非常考究的，一律用开水泡制，要用冰糖，加桂花卤、玫瑰卤增加香味。绝对不能用生水，也不能加糖精。酸梅汤在半夜里制得后，灌入白地青花的细瓷大缸中，镇在老式绿漆的大冰桶里，周围填上冰块（切忌直接放冰块入汤），包裹严密，要保持一定的凉度。在第二天上午出售时，酸梅汤就冰凉振齿了。其汤色有两种，浓的色如琥珀，香味醇厚；淡的颜色淡黄，清醇淡远。酸梅汤醇香，质纯，其味能挂喉不去。这里的酸梅汤每年自端午节起上市到上元节止，每天只卖两缸，卖完为止。因此买卖火爆，一举成名。许多文人雅士都前往品尝。鲁迅、老舍、梅兰芳、齐白石等文艺界名人也都是信远斋的常客。

漏鱼

这是北京夏季应时小吃，它是凉粉的一种。无论是奇特的称谓，还是精巧的形状，都给食者留下深刻的印象。昔日京城诗人曾称赞其为："冰镇刮条漏鱼窜，晶莹沁齿有余寒。味调浓淡随君意，只管凉来不管酸。"这种漏鱼式的凉粉，是将用开水拌好的绿豆粉倒入架在缸上的漏勺里，缸内有凉水，淀粉浆从漏勺洞内漏出制出来的。漏鱼形状像蝌蚪，一头圆一头带个小尖，漂在小缸内。有客人要买时，用漏勺从缸内捞出盛在碗内，加调料食用。

消暑冰碗

冰碗

有一首诗曾称赞冰碗："六月炎威暑气蒸，擎来一碗水晶冰。碧荷衬出清新果，顿觉清凉五内生。"夏天是莲子、菱角、鸡头米应季的时候，将这些河鲜汇在一起，加上水，吃上一碗，冰凉可口，沁人心脾。这种小吃就是冰碗。过去北京很多近水的地方都有售卖，以什刹海地区居多，其中又以荷花市场边上的会贤堂饭庄的冰碗最为讲究。当年的会贤堂饭庄是北京首屈一指的大饭庄，佳馔虽多，可这里最出名的还是这份消夏小零嘴。据说他们家的冰碗，先在碗底铺上碎冰，再往碎冰上放切好的白花藕、去芯的鲜莲蓬子、鲜菱角、鲜鸡头米（芡实），掺在一起，谓之"河鲜"，也有的加上核桃、杏仁两种干果。再放上亮红的山楂片，点缀在上方，不仅看起来更有精气神儿，也带来酸甜的口味，口感更佳。藕片鲜甜脆爽，核桃酥脆可口，搭配清甜冰凉的冰糖水，一碗下去，暑意全消。吃完之后，莲子的清香留于唇齿之间，真想再来一碗呢。现如今，夏暑季节乃至冬天，冷食、冷饮在市面上随处可见，花样也更丰富了，但这都替代不了老北京冰碗的独特味道。

果子干

这是老北京小吃中的一道夏季名品，生津去暑，口感甜滑。其主要材料是琥珀色柿饼、橙红色杏干，加上雪白的藕片，放在碗里用冰镇着。它们吃到嘴里凉丝丝、脆生生，甜酸爽口。旧时北京城果子店多有出售，以东珠市口的金龙斋最出名，听说他家的果子干一直保持着传统的做法。柿饼去蒂，洗去白霜，放入锅中煮至酱状。杏干洗净，放入大碗中，倒入温水，浸泡半天至浓稠（夏天要放在冰箱中）。将泡好的杏干和煮成酱的柿饼放在一起继续熬制。藕削去外皮，切成片，用开水余烫一下（注意千万别煮，一煮就不脆了）。将藕片放入泡好的柿饼杏干汤中，还可以放上少许糖桂花，加少许冰糖。一碗正宗的老北京果子干就做成了，是不是很简单？果子干冰冰凉凉的正好解渴，酸中带甜，糯中带脆，是老北京的消暑佳品，只可惜现在能吃到的地道的果子干已经不多了。北京人的夏天正是因为有这些老味道，才过得格外"舒坦"。

老北京奶酪

北京风味小吃奶酪，原本是蒙古族的食品，后来传进了北京，是元、明、清三朝的宫廷小吃，之后才流传到民间。在清人《都门杂咏》中有一首竹枝词，这样描述道："闲向街头啖一瓯，琼浆满饮润枯喉。觉来下咽如滑脂，寒沁心脾爽似秋。"这段词将那凝霜冻玉般的奶酪，恰到好处地介绍了出来。

当年，在东安市场内有个"丰盛公"奶酪铺。据说，店主是满族正黄旗人。从祖辈上论，这正宗的旗人一向是靠吃皇粮度日，可到了辛亥革命时期，像他这样的"铁杆庄稼老米树"不灵了。但这位老板是个有心人，硬是自食其力在乡下的村里办了个奶牛场，又向一位曾在清宫御膳房当大师傅的人讨教了制作奶酪的秘籍。然后便在东安市场内租店开业，专售奶酪。那时候，大街上没有冷饮店，更没有冰激凌、冰棍，这样，奶酪在京城便是一枝独秀。后来，北京城内便逐渐有了专门制作奶酪的酪房，把奶酪批发给挑担走街串巷的小贩们。夏季的傍晚，在老北京的胡同中，常会听到卖奶酪的吆喝声："哎哟唉，喝酪喂……"

老北京的小商贩

讲到这里，也许会有人问，像切糕、油条一类的，倒是天天见，隔三岔五短不了吃，而这奶酪到底是怎么做出来的。说到这奶酪的制法，是得要花费点工夫。先是把鲜牛奶煮开，放凉，加入白糖，经过细箩过滤，再兑入适量的江米酒，搅匀后盛在碗里，分层码进木桶后，桶底加火烘烤，名曰"烤酪"，等到凝固后撤火，再放凉，冰镇。这样，奶酪便做成了。您看，奶酪吃的是不是工夫钱！

原味奶酪口感细滑，奶味十足，甜丝丝的，冰冰凉凉正好解渴，是老北京的消暑佳品。

杏仁豆腐

这是老北京夏天里的一种消暑小吃。老北京的伏天是燥热的，柏油路被太阳晒得烫人脚板儿，在这种天气里，人们更容易口干舌燥，这时候来一口晶莹爽滑的冰镇杏仁豆腐，干涩的口腔顿觉甘饴湿润，焦躁的心也顿时获得片刻沉静。一个字"爽"！地道的杏仁豆腐是用杏仁做的，把杏仁用开水泡好，轻轻剥去外皮，在清水里漂洗干净，用石磨研碎，再用纱布包好榨出汁液来。之后，把琼脂化开，加牛奶和冰糖同煮，兑入杏仁汁，开锅后去掉浮沫，倒进小瓷碗里放凉，结成杏仁豆腐后冰镇好，食用时用刀划成菱形块，倒上糖桂花水即可。

炒红果

炎炎夏日，最美的事情莫过于吃上一碗冰冰凉、酸酸甜甜的炒红果，非常开胃又增进食欲。多年前的北京，天刚一擦黑，就有小贩挑着担子走街串巷地叫卖。小贩们多用一口砂锅盛着炒红果，吃炒红果所用的食具并不讲究，不过是一只粗瓷碗。他们边走边吆喝："炒——红果！"那味道甭说吃，听着都那么舒服！酸甜开胃的红

冰镇杏仁豆腐，解暑又美味

果配上晶莹透亮、冰凉爽口的汤汁，一入口，让人们顿时就觉得清爽了。

这炒红果虽然叫炒红果，实际上是用水焯，而不是用油炒的。这焯的学问就不少。先筛选出品质上乘的红果，洗干净放到凉水锅里。再把凉水锅放到火上，在开锅之前把红果焯透，如果水开了，红果就会崩裂，成了烂酱，所以控制水温就成了"焯"这个程序的关键所在。然后将焯好的红果去籽去皮，放到熬好的糖浆里浸泡。熬糖的技术也是关键，白砂糖在熬制过程中要熬成"转化糖"，这样吃起来更甜、口感更好。

第二章

老北京

传统名菜

　　炒合菜是一道将韭菜、肉丝、粉丝、绿豆芽、嫩菠菜一起炒制而成的菜肴。上面若再盖上一张摊好的鸡蛋饼就称为"合菜戴帽儿"，又叫"金银满堂"。在中国北方，特别是北京地区，吃合菜十分讲究。一是节令性强，立春日必不可少；二是吃合菜需要用春饼卷食。吃过春饼卷合菜，杨柳吐絮，燕语呢喃，春天就来临了。

（本书的材料图为示意图，不作为使用的材料的标准。用量以给出的数量为准。）

主料

猪瘦肉·················100 克

粉丝·····················30 克

绿豆芽·················250 克

菠菜·····················150 克

韭菜······················75 克

鸡蛋·····················120 克

调料

料酒······················15 克

酱油························5 克

醋··························3 克

盐··························5 克

花生油····················10 克

大葱······················10 克

姜··························5 克

炒合菜

制作方法

1. 猪瘦肉切成丝。韭菜、菠菜择洗干净，切成段。粉丝用水泡发好，切成小段。绿豆芽掐去两头，洗净。大葱、姜切成末。锅上火烧热，倒入少许花生油，将鸡蛋炒熟。

2. 锅上火烧热，倒入少许花生油，放入肉丝滑炒一下，取出沥净油。

3. 另起锅，倒入剩余的花生油烧热，放入葱末、姜末、肉丝后烹入料酒、酱油，再放入绿豆芽，大火快炒，见绿豆芽快成熟时，加入粉丝段、菠菜段和炒好的鸡蛋，然后加入韭菜段，放入盐翻炒，见韭菜段成熟，烹入醋，出锅装盘即可。

制作关键

1. 要按照烹调时间的长短顺序投放主料，先放烹调时间长的主料，后放烹调时间短的主料。

2. 炒制时火一定要旺。

制作者：李岩

　　此菜是宫廷菜"四大酱"之一。满族人的饮食生活中一年四季都离不开豆酱，并且他们往往是以菜蘸生酱为食。据说此习惯与清太祖努尔哈赤有关。努尔哈赤在称雄东北后，又举兵南下，以完成统一大业。在连年的征战中，他与军士们同甘共苦，以鼓舞士气。由于行军过程中长期缺盐，军士们的体力明显下降。为此，每到一地，他便征集豆酱，晒成酱坯，将其作为军中必须保证的给养之一。野战用餐时，将士们便以酱代菜，或就地挖取野菜蘸酱为食。这种以生酱、野菜为重要副食的军粮，竟然大大地提高了努尔哈赤大军的征战能力。后来满族人入京后，为了不忘祖上创业之艰苦，便立下了一条不成文的规矩：在宫廷膳食中，常要有一碟生酱和一盘生菜。慈禧太后垂帘听政后，御厨们怕生酱、生菜吃坏了老佛爷，为保住饭碗，又不违背祖制，便琢磨出几道别具风味的日常小菜，其中就有"炒榛子酱"这道名菜。

炒榛子酱

主料

猪五花肉 ············· 300 克
生榛子 ················· 150 克

配料

荸荠 ·······················5 个
水发香菇 ················5 克
青椒片 ···················3 克
红椒片 ···················3 克

调料

黄酱 ·······················10 克
酱油 ·······················3 克
熟猪油 ···················25 克
味精 ·······················3 克
香油 ·······················10 克
料酒 ·······················5 克
葱 ·························8 克
姜 ·························5 克
植物油 ···················适量

制作方法

1. 生榛子去皮，放入油锅中炸一下。

2. 猪五花肉切成小丁，荸荠、水发香菇切成与五花肉同样大小的丁，葱、姜切成末。

3. 炒锅上火，倒熟猪油，下肉丁煸炒至水分将要收干时，加入葱末、姜末、黄酱，烹入料酒，炒出酱香味。

4. 加入味精、酱油、荸荠丁、香菇丁、炸好的榛子仁翻炒均匀，再淋入香油，撒上青椒片、红椒片即可装盘。

制作关键

1. 生榛子的皮一定要去干净。

2. 炒酱时要用中火炒，炒出酱香味后，再放入荸荠丁和香菇丁。

制作者：赵军

47

　　拔丝技法，据说是从元朝人制作"麻糖"的手法延伸或演化而来的。明初的饮食专著《易牙遗意》中记载了麻糖的制作方法："凡熬糖，手中试其稠粘，有牵丝方好。"而拔丝之名可能出现于清代。

　　北京菜中的"拔丝莲子"就是拔丝菜中颇具特色的代表菜，深受食客喜欢。制作拔丝菜，须严格地掌握火候，使雪白的绵白糖变成缕缕金丝。这真可谓神奇的变化。此菜色泽金黄，入口甜、酥、香。它那阵阵甜香和莲子的酥脆引来了无数食客的赞美，在高档宴会中，"拔丝莲子"往往在宴会接近尾声时端上来，会使整个宴会的气氛达到高潮，以此表示主人对来宾的深厚情意。有的食客在品尝后即兴挥笔写道："颗颗粒粒似黄金，金丝缕缕甜如意。藕断丝连心连心，亲朋好友贵如金。"

拔丝莲子

主料

水发莲子⋯⋯⋯⋯⋯200 克

配料

面粉⋯⋯⋯⋯⋯⋯⋯50 克

调料

花生油⋯⋯⋯⋯⋯⋯50 克

白糖⋯⋯⋯⋯⋯⋯⋯75 克

淀粉⋯⋯⋯⋯⋯⋯⋯40 克

制作方法

1.水发莲子洗净，倒入面粉和淀粉，让莲子均匀地蘸上粉。

2.炒锅内倒入花生油，烧至五六成热时，放入蘸好粉的莲子炸至呈金黄色，捞出，控净油。

3.炒锅刷洗干净，放入白糖，倒入温水，慢慢熬炒。

4.见糖由稠变稀，由白色变成浅黄色时，放入炸好的莲子，颠翻几下，见糖汁均匀地裹在莲子上，即可装入抹了一层花生油（分量外）的盘子里。

制作关键

1. 过油炸莲子时，油温不可过高，一般是五六成热。莲子炸至呈金黄色即可捞出，需要控净油。

2. 炒糖时要严格掌握好火候，炒的时间不可过长。

3. 出锅前，要在盛装的器皿上抹一层花生油或撒上一层白糖。

4. 装盘时可以用黄瓜和胡萝卜片装饰。

制作者：韩应成

　　此菜是老北京人的家常菜，而咯吱是老北京人喜爱吃的一种季节性食品，它是用绿豆面糊烙制而成的。传说"咯吱"这个名字还是因慈禧太后而来的呢！

　　一次，慈禧太后到东陵巡视，她平时吃惯了山珍海味，非要尝尝当地的风味土菜，于是当地厨师就给她做了一道用绿豆面做的菜。当菜端上桌后，慈禧太后连看都不看一眼，就说："搁着"，然后她继续品尝别的菜。突然，她闻到一股蒜香，便顺着味道闻去，原来是这道刚端上来的菜散发出来的。她马上品尝起这道菜，尝后啧啧称赞，问道："这道菜叫什么名？"传膳太监知道慈禧太后的脾气，说出的话那是绝不能更改的，就顺势说："回老佛爷，刚才您不是说叫'搁着'，它就叫'搁着'。"慈禧太后听了很是高兴，便吩咐宫里的厨师向当地厨师学做此菜，将做法带回宫中。从此，这道菜肴便出现在宫里的膳桌上。因"搁着"与"咯吱"发音相近，这道菜名逐渐被传成了"咯吱"。老北京人都喜欢此菜，就一直流传至今。

焦熘咯吱

主料

熟咯吱 ················ 250 克

配料

红椒 ················ 25 克
青椒 ················ 25 克

调料

花生油 ················ 50 克
酱油 ················ 5 克
味精 ················ 3 克
姜末 ················ 10 克
葱末 ················ 8 克
蒜蓉 ················ 10 克
水淀粉 ················ 15 克
料酒 ················ 适量
清汤 ················ 适量

制作方法

1. 熟咯吱去老边，切成长条。取一个碗，放入酱油、料酒、味精、葱末、姜末、清汤、蒜蓉、水淀粉调成芡汁。青椒、红椒洗净，切成段。

2. 锅内倒入花生油，烧至三四成热时放入咯吱条，炸至呈金黄色、咯吱条焦脆时捞出。

3. 将炸好的咯吱条放入洗净的炒锅中，倒入调好的芡汁，放入青椒段、红椒段翻炒几下，淋入少许花生油（分量外）出锅装盘即可。

制作关键

1. 咯吱要选熟的，炸时才不会溅油伤人。
2. 炸咯吱时油温不宜过高，要用温油慢慢浸炸，以免颜色变深。
3. 调芡汁时，姜末、蒜末可以多放些。
4. 炸完咯吱要控净油，放回炒锅里，倒入芡汁后，大火快炒，这样才能更好地保持咯吱的焦酥口感。

制作者：陈道开

拔丝咯吱

主料

熟咯吱 ············· 200 克

配料

面粉 ················ 适量

调料

白糖 ················ 75 克
白芝麻 ············· 适量
花生油 ············· 50 克

制作关键

1. 咯吱条的大小和厚度要均匀、一致。

2. 炸时要掌握好油温。

3. 炒糖时要掌握好火候。

制作方法

1. 将熟咯吱切成菱形条，蘸上面粉。

2. 炒锅倒入油，烧至三四成热时，将蘸好面粉的咯吱条放入油锅中炸至呈金黄色，捞出控油。

3. 炒锅里放入白糖和温水，慢慢熬炒，待白糖由稠变稀，由白色变成浅黄色时，放入炸好的咯吱条翻炒均匀。见糖汁均匀地裹在咯吱上即可盛入盘中，撒上白芝麻装饰即可。

制作者：杨忠海

炒肉丝拉皮

主料

猪里脊肉·········100 克
拉皮·············100 克

配料

水发木耳丝·······15 克
蛋皮丝···········15 克
胡萝卜丝·········15 克
黄瓜丝···········20 克

调料

生抽············25 个
盐·············· 1 克
味精············· 2 克
芝麻油··········· 4 克
花生油··········25 克
姜汁············ 适量
料酒············ 适量

　　"炒肉丝拉皮"是北京地区具有地方风味的特色菜，为夏季佐酒佳肴。肉丝须选用肉嫩筋少的猪里脊肉。拉皮是用优质淀粉（如绿豆淀粉）制成的粉皮，其色白透明，凉爽柔软，调以酸辣等味，盛夏食之，可使人胃口大开，具有老少咸宜的特点。

制作方法

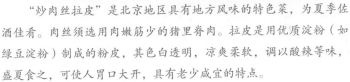

1.猪里脊肉切成丝。

2.把拉皮用开水焯一下，控净水放入盘中。

3.把黄瓜丝、胡萝卜丝、蛋皮丝、木耳丝放在拉皮上。

4.炒锅里倒入花生油，烧至五成热时，放入肉丝煸炒，加入生抽、料酒、姜汁、盐用大火翻炒几下，再加入味精炒熟，淋上芝麻油翻匀，盛在菜码上即成。

制作关键

1. 选用猪里脊肉，拉皮要选品质好的。

2. 煸炒肉丝时，油温不宜过高。油温过高易使肉丝干缩失去水分，使肉丝口感发柴。

制作者：王高奇

　　此菜是清宫御膳房为慈禧太后做寿时所必备的菜品。清宫历代皇帝、皇太后做寿时需要百菜陈列，菜名都要富有吉祥的寓意。据说，遇到慈禧太后做寿就更隆重，所上菜点达120种，鸡鸭鱼肉、山珍海味一应俱全，菜名上要有"龙凤""八宝""万寿无疆"之类的字眼，"万福肉"就是其中之一。后来传到民间，也称为"太后肉"。它是取五花肉，经煮制、炸制后再切上"万"字纹样，放入碗内蒸制而成的。做好的肉刀口处呈现"万"字形花纹，色泽红润油亮，肉烂，香浓，味厚，异常适口。

制作关键

1. 猪五花肉要选用下五花肉。

2. 卤肉时要注意掌握火候，煮的时间不宜过长。

3. 摆放肉时，皮要朝上。

万福肉

主料

猪五花肉 ············· 750 克

配料

鸡蛋皮 ·················· 1 张

调料

酱油 ····················· 10 克
料酒 ····················· 10 克
白糖 ····················· 10 克
味精 ······················· 3 克
葱段 ····················· 25 克
姜片 ····················· 15 克
卤料包 ···················· 1 个
八角 ······················· 3 个
孜然 ······················· 5 克
清汤 ····················· 适量
水淀粉 ·················· 适量
花生油 ·················· 适量
香叶 ····················· 适量

制作方法

1. 猪五花肉刮净毛，清洗干净，放入开水锅中余透，切成碗口大小的块备用。

2. 炒锅里放入花生油烧热，放入葱段、姜片略炒，再加入适量酱油及料酒、白糖、味精、八角、孜然、香叶、卤料包和清汤烧开，制成卤汤。将余好的肉放入盛有卤汤的锅中煮 15 分钟后取出，控干放凉。

3. 将煮好的肉放入烧至五成热的油锅中炸至上色。用鸡蛋皮刻"福"字。

4. 炸好的肉切上"万"字花刀，整齐地摆放在碗里。将碗放入蒸锅中蒸至肉软烂后取出，沥出汤备用，将肉反扣在盘里。炒锅里放入蒸肉的汤，加入剩余的酱油调色烧开，用水淀粉勾薄芡，淋在盘中蒸好的肉上，放上刻好的"福"字即成。

制作者：段建部

　　此菜集合了红、绿、黄、白、黑五种颜色的食材，是一道组合菜。菜的周围配上用洁白晶莹的鹌鹑蛋雕成的小白兔，故名玉兔五彩丝。

　　此菜肉丝软嫩，口味咸香，成菜美观，一般出现在宴会上。

制作关键

1. 肉丝一定要切得长度均匀，不可有连刀。肉丝切好后要用清水反复泡洗。红椒、绿椒、香菇切丝时不能切得过粗。
2. 雕刻小白兔时，尽量刻得形象些。
3. 淋芡汁时要掌握好芡汁的亮度。

玉兔五彩丝

主料

猪通脊肉 ············· 250 克
鹌鹑蛋 ·············· 10 个

配料

红椒 ················· 25 克
绿椒 ················· 25 克
香菇 ················· 25 克
韭黄 ················· 25 克
油菜 ·················· 2 棵
胡萝卜 ················ 半根
蛋清 ················· 10 克

调料

料酒 ·················· 4 克
姜汁 ·················· 5 克
盐 ···················· 3 克
味精 ·················· 3 克
水淀粉 ················ 15 克
清汤 ················· 20 克
花生油 ················ 75 克
食用色素 ·············· 少许

制作方法

1. 将鹌鹑蛋煮熟，去皮，刻成小白兔形状，用食用色素画上眼睛，蒸熟备用。油菜只留菜叶部分，用开水略烫一下，均匀地摆在盘子周围。把蒸好的小白兔依次摆放在每片油菜叶上。

2. 猪通脊肉切成长 10 厘米的丝，用清水反复泡洗。

3. 肉丝沥干水后加入少许盐、蛋清、少许水淀粉上浆备用。红椒、绿椒、香菇、胡萝卜、韭黄切成略细于肉丝的丝，用开水略烫一下。碗里加入清汤、料酒、姜汁、剩余的盐、味精、剩余的水淀粉调成芡汁备用。

4. 炒锅内放入大部分花生油，烧至四五成热时，放入浆好的肉丝，滑至七八成熟，倒入漏勺里控净油。另起炒锅放入剩余的花生油烧热，放入肉丝、香菇丝、红椒丝、绿椒丝、胡萝卜丝、韭黄丝一同翻炒，倒入调好的芡汁，颠翻几下，淋入花生油（分量外），盛入碗中，放在摆好小白兔的盘子中间即可。

制作者：柳建民

此菜原名"红烧肘子"，是老北京的一道传统名菜，历史悠久，并且在河北、山东、山西、广东、辽宁、吉林、黑龙江等地广泛流传。其制作方法大同小异，常作为宴席的大菜出现，特别是在寿宴中出现次数较多。此菜选用猪前肘为原料，采用独特的烹调技法，经白煮、炸、蒸、淋芡等技法烹制而成。成菜色泽红润油亮，咸香味浓，肥而不腻，质地软烂。这道福寿肘子是经过厨师们改良后的版本，选用肥少瘦多的猪前肘，蒸至酥烂后放在盘中，并在盘子四周围上碧绿的青菜，食用时菜肉同吃，既保证了膳食营养平衡，又不失风味，得到了食客的好评。

制作关键

1. 猪肘子一定要选肥少瘦多的，毛一定要去干净。开水下锅，煮的时间不宜过长。

2. 猪肘子上色时一定要把酱油抹匀。过油时，油量要大，油温要略高，这样才能更好地上色。

3. 蒸制时一定要蒸透、蒸烂。

福寿肘子

主料

猪肘子（前肘）……1 个

配料

油菜心………………300 克
京糕…………………1 块

调料

花生油………………75 克
酱油…………………50 克
料酒…………………10 克
葱段…………………50 克
姜片…………………50 克
卤料包………………1 个
高汤…………………500 克
水淀粉………………20 克
盐……………………适量
味精…………………适量
八角…………………适量

制作方法

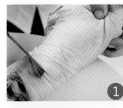

1. 将猪肘子外皮的毛刮洗干净，去掉骨头，放入锅中煮至二三成熟时，捞出沥干水，再均匀地抹上酱油。将京糕刻成"福"字。油菜心洗净，焯水备用。

2. 锅内倒入花生油，烧至四五成热时，把猪肘子过油炸至上色后捞出。

3. 在猪肘子表面切十字花刀，放入盛器里，加入高汤、料酒、盐、味精、葱段、姜片、八角和卤料包，上蒸锅蒸至熟烂，取出沥去汤，备用。把肘子皮朝上放入盘里。炒锅里放入蒸肘子的汤烧开，用水淀粉勾薄芡，再淋入花生油（分量外），浇在盘中的肘子上，把刻好的"福"字摆在肘子上，油菜心摆在肘子的四周即成。

制作者：杨星儒

五仁焦香肘

　　此菜是在传统名菜"带把肘子"的基础上加以改进制成的。"带把肘子"原是陕西省渭南市大荔县（古称同州）一带的地方菜，始于明朝弘治年间，后传入皇宫，流传至今。

　　相传，当时同州城里有位厨师叫李玉山，他善于烹制各色菜肴，远近闻名。有一年，新任州官要办五十大寿，差管家去传李玉山到府内做菜。李玉山为人正直，不畏权贵，知道这州官搜刮民财，便托词回绝。不久，郑大人来同州巡视，州官为了讨好郑大人，又差人传李玉山到府内做菜，李玉山本想再次回绝，但被正在店里吃饭的一位客人劝住了。这位客人叫厨能，曾做过官，专管皇家国宴的事宜。李玉山不解地问："你为何要我去做菜呢？"厨能便说道："我深知郑大人的为人，今天你前往如此这般……"李玉山听后明白了厨能的意图，便马上前往同州府衙。

　　同州官员的管家因上次在李玉山这里碰了一鼻子灰而怀恨在心，这次见他来了，便随便买了一些带骨头的肉交给李，要他限时做好。李玉山一看，正中下怀，就用它烧成了一道菜，上面是肉，下面是几根骨头。郑大人看着刚上桌的这道菜问道："此菜有何名堂？"州官一看，大吃一惊，急传李玉山问罪，李玉山面不改色地答道："郑大人不知，我们州官老爷不但吃肉，连骨头也吃的！"郑大人是一位清官，听了李玉山的话就明白了他的意思，不等州官发作，就赏了李玉山十两银子放他回去。

　　第二天郑大人亲自到李玉山所在的饭馆向他了解州官的恶行，回去后便严惩了州官，百姓们拍手称快。郑大人临走时问李玉山那道菜叫什么名字，李玉山想了想说："带把肘子。"从此"带把肘子"这道菜成了当地名菜，到了清朝也成了大的宴席上的必备佳肴。

主料

猪前肘……………… 1000 克

配料

花生碎……………… 6 克
瓜子仁……………… 6 克
松仁………………… 6 克
腰果碎……………… 6 克
杏仁片……………… 6 克

调料

脆皮糊……………… 100 克
酱汤………………… 2500 克
酱料………………… 20 克
干辣椒……………… 4 个
八角………………… 4 个
花生油……………… 适量
桂皮………………… 适量
葱段………………… 适量
姜片………………… 适量

制作方法

1. 将猪前肘烧去表面的毛后刮洗干净。锅中倒入水烧开，将冲洗干净的猪前肘用水氽透，撇去浮沫。

2. 另起锅，倒入酱汤烧开，放入葱段、姜片、八角、干辣椒、桂皮。放入氽好水的猪前肘酱至软烂，捞出备用。

3. 将酱好的猪前肘蘸上脆皮糊。

4. 将裹好脆皮糊的猪前肘放入油中炸至外皮焦脆、呈金黄色时捞出控油，改刀装盘。淋上酱料，撒上花生碎、瓜子仁、松仁、腰果碎、杏仁片即可。

制作关键

1. 酱肘子要掌握好成熟度。
2. 炸制时油量要多，油温要略高一些。

制作者：李志刚

　　"爆炒腰花"历史悠久，至少可上溯至清初。"爆炒腰花"是北京地区的一道传统风味菜。菜肴成熟后，其形似麦穗，色泽红润油亮，口感脆嫩，咸鲜爽口。

制作关键

1. 一定要选用新鲜的猪腰。加工猪腰时要去净腰臊，剞刀的深浅及成条的大小要均匀。

2. 调制碗芡时，芡汁不宜太浓，否则吃时不爽口。

3. 成菜后要求芡汁熟透发亮，吃后盘内不见汤汁。

爆炒腰花

主料

猪腰·················· 250 克

配料

冬笋·················· 125 克

调料

蒜末·················· 15 克
酱油·················· 10 克
盐······················ 4 克
料酒·················· 15 克
陈醋·················· 15 克
味精···················· 5 克
熟鸡油·············· 30 克
清汤·················· 50 克
姜汁·················· 适量
淀粉·················· 少许
葱······················ 适量
姜······················ 适量

制作方法

1. 猪腰从中间片开，去净腰臊，切麦穗花刀后再切成片。葱切成葱花，姜切成片。
2. 冬笋切成略小于腰花的片。碗里放入清汤、酱油、料酒、陈醋、盐、姜汁、味精、蒜末、淀粉搅匀成芡汁。
3. 锅中倒入水烧开后，放入腰花余烫一下，控净水。
4. 炒锅里加入熟鸡油烧至七八成热，放入腰花滑炒一下，然后迅速倒回漏勺中控净油。锅中留底油，放入葱花、姜片爆香，倒入腰花和冬笋片。
5. 倒入芡汁，用大火快炒几下，出锅盛在盛器中即成。

制作者：于海祥

　　"油爆双脆"原名"爆双片"，是久负盛名的传统菜，因厨师将猪肚和鸡胗（或鸭胗）切成薄片，入旺油即熟，口感既脆又嫩，所以人们习惯称它为"油爆双脆"了。以调料讲究，烹饪技艺精绝，风格独特而为世人所推崇。清代美食家袁枚对它评价极高。"油爆双脆"可能始现于清代中期。当时的市场繁荣，人们对美食近于苛求。在激烈竞争之中极富创新精神的厨师便想到了有异于通常肉食菜馔的思路，选用人们平时不怎么看重，而以脆嫩突出的猪肚和鸡胗（或鸭胗）来制作菜肴。只因这两种食材口感较脆故有"双脆"的美称。此馔上盘后颜色呈红白两色，交相辉映之下更是美不胜收，可以大大刺激食客的食欲，真不愧为色香味形兼具的特色美食。"油爆双脆"从开始出现时便一鸣惊人，吸引了众多的达官贵人先品为快。

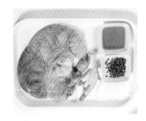

油爆双脆

主料

猪肚仁·················150 克
鸭胗·················150 克

配料

火腿粒·················20 克

调料

葱·····················8 克
料酒·················10 克
姜汁·················10 克
盐······················3 克
味精····················2 克
淀粉···················适量
清汤···················少许
蒜片···················少许
花生油·················适量
姜·····················适量

制作方法

1.将猪肚仁的外皮、筋膜去掉洗净，切十字花刀，再切成长方形的块。

2.鸭胗片去白筋，切十字花刀。葱切葱花，姜切片。取一个碗，放入清汤、料酒、味精、盐、葱花、姜汁、蒜片、淀粉，调匀成为碗芡。

3.炒锅里放入花生油，烧至五六成热时，放入猪肚仁、鸭胗，然后急速捞出，控净油。

4.炒锅烧热，放入猪肚仁块、鸭胗翻炒两下，倒入碗芡急速翻炒，再放入火腿粒炒匀即可出锅装盘。

制作关键

1. 最好选新鲜大个的猪肚仁和鸭胗，去净筋膜。

2. 切花刀时，刀口要均匀，深度要适度。

3. 碗芡倒入炒锅后不要用手勺过度搅拌，以免影响亮度，另外芡汁也不要过多。

制作者：黄晓荣

酱爆肚仁

主料

猪肚·················150 克

配料

鸡蛋清··············· 半个

调料

黄酱·················25 克

水淀粉·············· 8 克

姜汁················· 3 克

料酒················· 7 克

芝麻油···············15 克

白糖················· 适量

花生油··············50 克

香菜················· 适量

制作方法

1. 将猪肚洗净，去净筋膜，切成菱形片，加入鸡蛋清、水淀粉上浆。

2. 炒锅置火上，加入花生油烧至三四成热时，放入猪肚片，滑散至六成熟时，捞出沥油。锅中留底油烧热，倒入黄酱炒干水，再加入白糖、料酒和姜汁炒成糊状，倒入猪肚片炒匀，淋芝麻油，撒上香菜即成。

制作关键

1. 猪肚要切得大小均匀。

2. 过油时油温要掌握在三四成热，过油时间不宜过长。

3. 炒酱时要严格掌握火候，酱的水分基本炒干后，再放入其他调料和猪肚片翻炒均匀，让黄酱均匀地裹在猪肚片上，再出锅装盘。

制作者：郭文亮

清炖羊肉

主料

羊肉················500 克

调料

花生油··············25 克
酱油················25 克
白糖················5 克
料酒················15 克
八角················15 克
花椒················15 克
水淀粉··············适量
白汤··············500 克
味精··············适量
孜然··············7 克

制作方法

1. 羊肉洗净，切成块。

2. 锅中倒入水，放入羊肉块余一下后取出，用水冲洗一下备用。

3. 锅里放入花生油，烧热后放入八角炒香，再加入花椒、孜然、酱油、料酒、白糖、味精和白汤。

4. 放入余好的羊肉块，待肉炖熟烂后，把羊肉块捞出放在盛器里面。另起锅，放入少量炖肉的汤烧开，用水淀粉勾薄芡，出锅淋在羊肉块上即成。

制作关键

1. 一定要选嫩羊肉。

2. 余好的羊肉最好用水冲洗干净。

3. 炖羊肉时先用大火烧开，再用小火炖透。

制作者：郭文亮

京味酥羊肉

主料

羊肉·····················500 克

配料

鸡蛋·····················2 个
面粉·····················适量

调料

葱段·····················50 克
姜片·····················40 克
料酒·····················15 克
盐·······················5 克
味精·····················适量
八角·····················3 个
淀粉·····················适量
香油·····················适量
奶汤·····················适量
白醋·····················少许
花生油···················适量

制作关键

1. 羊肉切块不宜过厚。
2. 挂蛋糊不宜过多，
   炸制时间不宜过长。
3. 蒸羊肉火力不宜过大。

制作方法

1. 将羊肉先切成两厘米厚的片，再切成小块，放在盆里，加少许料酒、少许盐略腌一下。
2. 鸡蛋磕入容器中，加入水、少许盐、少许料酒及淀粉调匀，制成鸡蛋糊。
3. 炒锅里放入花生油，烧至三四成热时把腌好的羊肉块先裹上面粉，再裹上鸡蛋糊放入油锅中，炸至呈金黄色，捞出控净油。
4. 净碗里放入炸好的羊肉块，倒入奶汤，加入剩余的料酒、剩余的盐以及姜片、葱段、八角、味精，将碗放入蒸锅中蒸至羊肉软烂，加入白醋，淋入香油即成。

制作者：李传刚

京味烧羊肉

在北京一提起酱羊肉、烧羊肉这两道名菜，人们就会自然而然地想起月盛斋。

据说，乾隆四十年（公元 1775 年），一个名叫马庆瑞的人在户部街（现天安门广场东侧）开了一家经营传统食品的店，取名"月盛斋"。由于店主姓马，代代相传，又称"马家老铺"。这家店做的酱羊肉、烧羊肉十分好吃，生意日益兴隆起来。"户部门口羊肉肆，五香酱羊肉名扬天下。"这是清朝官员朱一新在《京师坊巷志》中有关月盛斋经营酱羊肉的记载。

当时清朝刑部、户部官员也经常买月盛斋的肉食并进献给宫廷。皇上品尝后，大为高兴，把它列进了宫廷御膳房的食单。清宫祭祀所用的羊肉也由月盛斋提供。后来宫廷中的御厨和太医帮马庆瑞改进了加工肉食的配方，使制作出来的烧羊肉更加味香色美，一时名动京城。据说，慈禧太后就爱吃月盛斋的烧羊肉。据相关记载，冬天大内里非常冷，在东廊房子里摆着三个大煤炉子，在慈禧未到之前，太监们为慈禧太后预备好烧羊肉和烧饼。宫里赐予马家四道腰牌，月盛斋也和其他供奉皇家的商号一样有入宫的腰牌，方便去送肉。道光年间曾有一首诗赞美月盛斋："喂羊肥嫩数京中，酱用清汤色煮红。日午烧来焦且烂，喜无膻味腻喉咙。"

月盛斋的烧羊肉，选料精细，配方考究，味道独特，肥而不腻，瘦而不柴，色泽红润油亮。

主料

羊肉·················· 500 克

调料

黄酱·················· 25 克
酱油·················· 5 克
葱段·················· 30 克
姜片·················· 15 克
花椒·················· 15 克
孜然·················· 7 克
桂皮·················· 15 克
八角·················· 15 克
盐···················· 适量
老汤·················· 适量
花生油················ 适量

制作关键

1. 香料的比例要调好，不能出现药味。
2. 掌握酱制时主料、调料的投放顺序。
3. 掌握火候。做到大火煮、小火煨。大火煮是为了除膻去腥，小火煨是使味道进入肉中。
4. 炸肉时最好用大火，以免肉吃油，产生油腻感。

制作方法

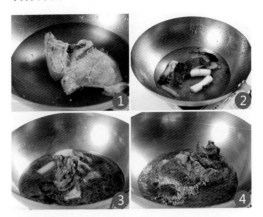

1. 将羊肉洗净，用水汆一下。
2. 锅内倒入老汤，放入黄酱、盐、酱油、葱段、姜片、花椒、孜然、桂皮、八角烧开。
3. 放入羊肉煮2~3小时，煮至羊肉酥烂时捞出。
4. 锅上火，加入花生油烧至六成热时，放入羊肉炸至肉面起泡时捞出沥油，切开装盘即可。

制作者：母东

京味炒羊肉

制作方法

1. 将羊肉切成薄片，加入料酒、酱油、姜汁调味，腌制片刻。

2. 大葱白切成 3 厘米的斜段，香菜切成 3 厘米长的段，姜切成段。糖蒜去掉外皮，切成片。

3. 炒锅里倒入花生油烧热，放入葱白段、姜段烹炒出香味后，放入腌好的羊肉片一起翻炒，炒的过程中放入白糖、味精、卤虾油、盐、糖蒜片。

4. 放入香菜段，用大火快炒至羊肉片熟透装盘即成。

主料

羊肉·················500 克

调料

大葱白·············150 克
香菜·················50 克
料酒·················10 克
酱油·················15 克
姜汁···················8 克
白糖·················15 克
味精···················3 克
卤虾油·················2 克
盐·····················3 克
糖蒜···················3 瓣
姜·····················适量
花生油···············适量

制作关键

1. 腌肉的时间不宜过长。

2. 炒肉时要不停地翻动，不要让肉片里的汤汁过多流失。

3. 羊肉以后腿肉、上脑肉和扁担肉为好。

制作者：谢延慧

家乡煨牛肉

主料

牛腩块 ············300 克
牛筋块 ············200 克

配料

土豆 ············150 克

调料

老抽 ············10 克
黄油 ············8 克
盐 ············1 克
味精 ············2 克
冰糖 ············适量
八角 ············适量
桂皮 ············1 块
香叶 ············4 片
葱段 ············10 克
姜片 ············10 克
糖色 ············少许
料酒 ············少许
鸡粉 ············适量
小葱花 ············少许
牛肉老汤 ············适量

制作方法

1. 将牛腩块、牛筋块放入开水锅中氽透。

2. 土豆去皮、切成块，放入小碗中，将小碗放入蒸锅中，倒入牛肉老汤，盖盖蒸透。

3. 锅中放黄油，放入八角、桂皮、香叶、葱段、姜片煸炒出香味，放入牛腩块和牛筋块，加入糖色、料酒、老抽、盐、鸡粉、味精、冰糖，用大火烧开，然后放在专用的石锅里。按照下面放土豆块，上面放牛筋块、牛腩块的顺序，用小火煨至软烂，最后盛入盛器里，撒上小葱花即成。

制作关键

1. 要选用优质牛腩。

2. 煨牛腩时要掌握好火候。

制作者：陈钢

　　此菜是老北京传统名菜之一。"熘鸡脯"是选鸡身上最嫩部位的小鸡脯（俗称鸡芽子）烹制的一道风味佳肴。菜品质地柔软鲜嫩，清淡爽口，耐人回味，给人以吃鸡不见鸡的感觉。

熘鸡脯

主料

净鸡脯肉 ············· 100 克

配料

熟豌豆 ·················· 40 粒
干贝丝 ·················· 20 克
鸡蛋清 ·················· 4 个

调料

淀粉 ······················ 15 克
熟猪油 ·················· 75 克
料酒 ······················· 7 克
味精 ······················· 2 克
盐 ·························· 2 克
鸡汤 ····················· 150 克
姜汁 ······················· 5 克
枸杞 ······················· 7 克
水淀粉 ·················· 15 克
鸡油 ······················ 少许

制作方法

1. 将净鸡脯肉放入清水中泡白后捞出，用刀背敲成蓉。
2. 将鸡蓉放入一个碗里，加入少许凉水、姜汁、少许味精搅拌均匀，搅匀后放入鸡蛋清顺一个方向搅拌，再加入淀粉和少许盐搅匀制成芙蓉浆。
3. 将炒锅置于火上，先倒入熟猪油烧热，然后改用小火，将芙蓉浆倒入漏勺内，不断晃动使芙蓉浆漏入油中，炸成豌豆大小的圆球，约炸 1 分钟后，迅速将鸡球捞出。
4. 鸡汤内加入料酒、剩余的味精、剩余的盐和水淀粉，调匀倒入炒锅内，用大火搅成白汁后，放入熟豌豆、干贝丝和鸡球，再淋入鸡油装入盛器中，撒上枸杞即成。

制作关键

1. 在制作鸡蓉前，最好用清水泡一泡鸡脯肉，以去除血水。
2. 鸡蓉要细腻，制成泥状。
3. 芙蓉浆的浓度要掌握好。漏制芙蓉圆球时，油温不宜过高，否则鸡蓉易变色。

制作者：黄福荣

　　距北京市区东南部20多千米处有座古城——通州（现通州区），它历史悠久，早在辽金时代就开始设州，清时属顺天府管辖。通州自古商贸云集、百货杂陈、市面繁荣，这是因为它是京杭大运河的源头，是当时的交通码头。在离码头不远处有一座二层小楼，开有一家原名为"和义轩"的饭馆，此饭馆开业于清光绪二十六年（1900年），由李氏四兄弟共同经营。李家前辈的人曾因厨艺超群一度进宫当差。饭馆由于经营有方，再加上菜肴味道好，生意很是红火。由于东临大运河且河内盛产鱼虾，特别是鲇鱼，于是李氏费尽心思研制鲇鱼菜肴，最后烹制出一道"红烧鲇鱼"。据说乾隆六次下江南每次都要去品尝此菜，并赐名为"小楼烧鲇鱼"，从而使这道菜名声大振，引得很多食客前来品尝，并得到食客的认可，使其成为通州"三宝"之一。后来李氏相继研制出"熘鲇鱼片""火链鲇鱼"等一系列鲇鱼类菜肴，使小楼的鲇鱼菜经百年而不衰。鲇鱼最引人入胜处在于刺少肉嫩，清鲜腴美。用它来烧菜要想烧得好吃，要将新捕捞上来的鱼用清水养两至三天，每天不断换水使鲇鱼吐出腹中污水、腥气，以除去部分腥味。此菜，去头尾留中段蘸淀粉过油炸，三上火，三下火，烹汁熘制。成菜金红光亮，香鲜柔滑，肉质酥透，肥浓有胶，咸香适口。

主料

鲜鲇鱼······················1 条

调料

醋··························5 克
酱油·······················6 克
盐··························1 克
葱段·······················25 克
姜·························15 克
姜汁·······················3 克
味精·······················3 克
高汤·······················适量
蒜··························适量
胡椒粉·····················适量
花生油·····················适量
料酒·······················适量
淀粉·······················适量

制作方法

1. 姜切片，蒜切片。将鲜鲇鱼宰杀后去头、尾、内脏，洗干净，沥干水后切成块放在盆里，再加入料酒、少许盐、葱段、姜片、蒜片略腌片刻。

2. 淀粉中加水和少许盐调成糊状。取一个碗，里面放入高汤、料酒、酱油、姜汁、少许醋、味精、剩余的盐、胡椒粉调匀制成芡汁。

3. 炒锅里放入花生油，烧至三四成热，把腌好的鱼块裹上淀粉糊，放入油锅中炸至金黄色后捞出控净油。锅内留少许底油，放入鱼块翻炒几下，再倒入调好的芡汁，用大火翻炒，见芡汁均匀地挂在鱼块上，最后烹入剩余的醋出锅装盘即成。

制作关键

1. 鲇鱼要在清水中养两到三天。

2. 腌制鱼块的时间不宜过长。

3. 炸鱼块时油温不宜过低，炸至焦硬时用手勺把鱼块拍松。

4. 鲇鱼卵色黄绿，有毒素，倘若加热时间过短，可引起中毒，症状主要为腹痛、腹泻。如要食其卵务必长时间加热，将其充分烧透。

制作者：张铁元

　　此菜是一道传统菜，它是用草鱼肉加工而成的。"玉黍鱼"是将草鱼去掉鱼骨头，留鱼肉切上花刀，采用炸的技法，再淋上糖醋汁制成的。因其形似玉黍，故而得名。此菜色泽金黄，甜酸适口，质地酥嫩，深受食客的喜爱，一直流传至今。

制作关键

1. 最好选用鲜活的草鱼。

2. 切花刀时，刀口要均匀，不宜过深，切的肉形似玉米粒即可。

3. 过油炸时，油温不能过低，最好一边炸一边裹淀粉。

玉黍鱼

主料

鲜草鱼··················1 条

配料

蛋皮丝··················10 克

油菜··················10 克

调料

淀粉··················100 克

葱油··················8 克

料酒··················10 克

姜汁··················15 克

盐··················3 克

白糖··················25 克

醋··················40 克

酱油··················5 克

高汤··················250 克

花生油··················适量

葱段··················适量

姜片··················适量

水淀粉··················少许

制作方法

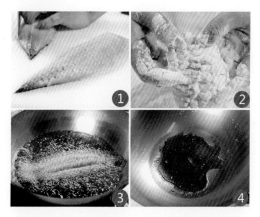

1. 将鲜草鱼去鳞、内脏、鳍，清洗干净，用刀片成两扇，去掉胸刺和脊骨，再用刀切成长条并切上花刀，放在盆中，加入葱段、姜片、少许料酒、少许盐略腌片刻。

2. 把腌好的鱼肉挤干水，裹上淀粉。

3. 锅里放入花生油，烧至六七成热时，放入草鱼肉炸至呈金黄色，见鱼肉已熟，即可捞出，控净油，摆放在盘里。将油菜焯熟。

4. 净锅里倒入花生油烧热，放入姜片煸炒出香味后加入高汤、剩余的料酒、剩余的盐、姜汁、白糖、醋、酱油，烧开后撇去浮沫，再放入水淀粉，勾成糖醋汁，接着淋上葱油，浇在鱼肉上。将焯熟的油菜摆成玉米叶状，蛋皮丝摆在鱼肉的上方，形似玉米穗即成。

制作者：南书旺

　　此菜是一道用鳝鱼做的寻常菜，只因与"真龙天子"相遇，便声名远扬。据说乾隆第一次南巡时，有一天，他和贴身随从私访，只顾往前赶路，不料到了一个前不着村、后不着店的地方。眼看太阳就要落山了，乾隆急令随从快快寻找落脚之处。正在二人着急的时候，他看见前面小河边上有一个小屋，门前坐着一位老太婆，乾隆便上前询问道："老人家，请问，这附近有没有客栈？"老太婆看了他一眼见他不像坏人便回答说："附近没有客栈，天色已晚，如果不嫌弃就在我家住一宿也行。"乾隆连声说："哪里，哪里。真是谢谢老人家了。"老太婆把客人请进家里，介绍给老伴，并招呼老伴准备饭菜。她老伴用刚刚从河里捞回来的鳝鱼和虾做了几道菜便端上桌。乾隆已是饿得肚子咕咕直叫，见到热气腾腾、喷香的鱼虾饭菜，便狼吞虎咽地吃起来，并连声称赞："好香，好香。"一会儿就把菜吃光了。等到乾隆吃饱喝足后，才想起来问这道菜的名字。原来这只是一道用鳝鱼和虾做成的菜，也没有名字，老汉见客人非常认真的样子就胡诌了一个名字——"游龙戏金钱"，其实老汉单纯是指鱼虾而言的。"游龙戏金钱"中的龙，实指鳝鱼，金钱实指香菇。

　　乾隆回京后，还真的没忘记那道"游龙戏金钱"，并多次指派宫廷御膳厨师去南方学习做法，带回宫中，方便皇帝经常食用。

游龙戏金钱

主料

鳝鱼························ 400 克
虾蓉························ 50 克

配料

水发香菇·················· 5 克
鸡蛋清···················· 2 个
冬笋······················ 25 克
红椒丝···················· 5 克

调料

酱油······················ 5 克
料酒······················ 15 克
葱丝······················ 10 克
姜丝······················ 10 克
蒜片······················ 5 克
盐························ 2 克
味精······················ 3 克
白糖······················ 5 克
香油······················ 适量
清汤······················ 适量
胡椒粉···················· 适量
醋························ 适量
花生油···················· 适量
香菜段···················· 适量
淀粉······················ 适量

制作方法

1. 将鳝鱼宰杀后洗净，切成丝。冬笋切成丝。香菇制成金钱状。虾蓉里加入鸡蛋清、少许料酒、少许盐、少许味精、淀粉调成馅，再放入蒸锅内蒸熟，切成圆片。将香菇焯熟放在虾蓉片上，即成金钱饼。

2. 锅里放入花生油烧至四成热，把鳝鱼丝和冬笋丝放入炒锅内滑透捞出。炒锅内放入葱丝、姜丝、蒜片炒出香味后放入鳝鱼丝和冬笋丝一起翻炒，一边炒一边加入酱油、剩余的料酒、剩余的盐、剩余的味精、白糖、清汤、胡椒粉翻炒成熟。

3. 放入香菜段和红椒丝，烹入醋，淋上香油出锅装盘，把金钱饼摆放在菜的周围即成。

制作关键

1. 炒鳝鱼时要严格掌握好火候。
2. 蒸虾蓉片时要掌握好火候。

制作者：王俊峰

　　此菜是一道私房菜，私房菜顾名思义即私人的菜、私家的菜，就是在别人家里吃到的由主人做的拿手好菜。这些菜的烹调技法往往是祖传的，有独特风味，而且是限量供应的，在平常的餐馆里是无法吃到的。据说经营私房菜的菜馆位置都比较偏僻，各具特色，并且相对低调。其实私房菜是古时深宅大院中的美味佳肴，高官巨贾们"家蓄美厨，竞比成风"，互相攀比"吃"的品位。在家厨的手中，一道道名菜便产生了。

炸烹虾肉

主料

鲜虾·····················10 只

调料

淀粉·····················5 克
盐·······················5 克
味精·····················3 克
胡椒粉···················3 克
白糖·····················10 克
蜂蜜·····················10 克
米醋·····················20 克
葱段·····················5 克
姜片·····················3 克
蒜·······················5 克
清汤·····················适量
花生油···················50 克

制作方法

1.鲜虾洗净，去除虾线、外壳。将虾肉加少许盐和胡椒粉腌 10 分钟。

2.姜片切丝。

3.蒜切片。

4.淀粉里加入水调成糊。

5.将腌好的虾肉裹上淀粉糊，放入烧至三四成热的花生油中，炸至酥透，捞出控油。炒锅中留底油烧热，放入葱段、姜丝、蒜片煸香，再加入米醋、蜂蜜、白糖、剩余的盐、味精、清汤，倒入虾肉翻炒出锅即成。

制作关键

1. 虾要鲜活。

2. 糊的浓度要适宜。

3. 炸制时要掌握好油温。

4. 翻炒时要用大火。

制作者：姜海涛

83

抓炒虾仁

主料

大虾仁·············200 克

配料

鸡蛋·················· 1 个

调料

玉米淀粉·········100 克
花生油···········100 克
醋·················15 克
白糖·················25 克
料酒·················10 克
姜汁················· 6 克
盐··················· 3 克
番茄酱············· 适量

制作方法

1. 将大虾仁清洗干净。取部分玉米淀粉加水、鸡蛋搅匀，调成淀粉糊。把剩余的玉米淀粉和白糖、少许醋、盐、料酒、姜汁放到碗里，调成芡汁。将大虾仁放入淀粉糊里裹匀。

2. 炒锅上火烧热，倒入大部分花生油，待油烧至四成热时，把裹好淀粉糊的大虾仁放到锅里，边炸边用筷子拨开，防止黏结，待其表皮微黄时捞出，等油温升高些再下入大虾仁复炸，待炸至呈金黄色时捞出控净油。

3. 炒锅里放入剩余的花生油烧热，倒入调好的芡汁，搅动至汁液黏稠时加入番茄酱搅匀，再倒入炸好的大虾仁翻炒，烹入剩余的醋，淋花生油（分量外）出锅装盘即可。

制作关键

1. 大虾仁使用前要洗净。

2. 芡汁不宜过多。

制作者：刘永克

鸡汤竹荪

主料

干竹荪…………100 克
鸡脯肉…………50 克
水发香菇………50 克
虾仁……………50 克
鲜蘑……………25 克
水发干贝………20 克

配料

鸡蛋清…………100 克
鸡腿菇片…………2 片

调料

香菜梗、香菜叶、玉
米淀粉、料酒、盐、
味精、胡椒粉、清鸡
汤、葱末、姜末、枸
杞………………各适量

制作方法

1. 将干竹荪用温开水泡软，去沙泥，洗净。将香菇、虾仁、鲜蘑、鸡脯肉洗净，切成粒。水发干贝搓成丝。

2. 将处理好的食材放在一个碗中，加入鸡蛋清、葱末、姜末、盐、料酒、味精、胡椒粉、玉米淀粉内，调成馅。

3. 把调好的馅放入竹荪里，用香菜梗系好。

4. 锅里放入清鸡汤烧开，加入盐、料酒、味精调味，再放入系好的竹荪和鸡腿菇片，待熟透后放入盛器里，撒上枸杞和香菜叶即成。

制作关键

1. 调馅时要掌握好味道。
2. 酿馅不要过多。

制作者：尤卫东

85

　　此菜是北京宫廷传统菜之一，也是海参席中的头菜，因海参俗称"乌龙"，再配以晶莹明亮的鹌鹑蛋，形似"珍珠"，故而得名。此菜色泽鲜亮，鲜美醇香。

乌龙吐珠

主料

水发灰刺参…………8个

配料

鹌鹑蛋………………8个
油菜…………………8棵

调料

熟猪油………………10克
葱姜油………………15克
酱油…………………6克
料酒…………………8克
姜汁…………………5克
味精…………………4克
葱丝…………………10克
白糖…………………5克
清汤…………………250克
水淀粉………………适量

制作方法

1. 将水发灰刺参洗净，在刺参膛里面剞上花刀。鹌鹑蛋煮熟，剥去皮，用水洗一下。油菜焯熟。

2. 锅里倒入部分清汤，烧开后放入海参汆一下，除去腥味，捞出控净。

3. 锅里放入熟猪油，烧热后放入葱丝煸炒至出香味，再放入酱油、料酒、姜汁、味精、白糖和剩余的清汤，待烧开后撇去浮沫，放入海参、鹌鹑蛋，小火烧至入味后，倒入水淀粉勾薄芡，淋入葱姜油出锅，用鹌鹑蛋和油菜装饰即可。

制作关键

1. 选灰刺参时，要选个头大小均匀、肉厚、富有弹性、完整无破损的。

2. 一定要将灰刺参的口及膛内的污物清洗干净。剞花刀时不可过深，以免海参遇热变形。

3. 灰刺参汆水时一定要开水下锅。

4. 烧制灰刺参时一定要用清汤。

制作者：赵俊杰

　　据有关记载，此菜出于宫廷"万寿无疆"宴中燕窝组菜。"万寿无疆"宴系光绪二十年（1894 年）七十五代衍圣公孔祥珂夫人彭氏、七十六代衍圣公孔令贻夫人孙氏分别献给慈禧皇太后六十大寿的两桌"添安"筵式的组菜。"万寿无疆"四字组菜是一组头菜，其选料、用器、造型、命名等集中地体现了祝颂"圣寿"的主题，彰显了皇室无上尊贵、隆重典雅、豪华富丽的气派。此组菜上菜时，由四人鱼贯捧上，呈"田"字形摆好，然后依汉字传统书写规矩，自上而下、从左往右逐一掀去盖子，使"万""寿""无""疆"四字相继出现。四字选用工整楷体的字体，突出古典美的气韵。

燕窝『万』字金银鸭块

主料

燕窝·················· 150 克
鸭脯肉··············· 300 克

配料

鸡蛋黄·················· 3 个

调料

姜片·················· 20 克
花椒··················· 5 克
料酒·················· 15 克
盐···················· 3 克
葱段·················· 10 克
八角··················· 3 个
高汤·················· 适量
三套汤················ 适量
花生油················ 适量

制作关键

1. 燕窝要发透，去净
   杂质。
2. "万"字的大小要
   适当。
3. 鸭块要整齐地摆放。

制作方法

1. 鸭脯肉切成长 5 厘米、宽 2 厘米的长方块。
2. 锅内倒入花生油烧热，放入鸭块炸一下，加入料酒、少许盐、
   姜片、葱段、花椒、八角、三套汤卤熟。将卤熟的鸭块取出，
   放入盛器内。
3. 取一平盘擦油，将搅匀的鸡蛋黄倒入盘内，平摊成圆形，
   上笼蒸透取出，刻出一个"万"字，放入蒸锅内略蒸。将"万"
   字放在鸭块上。
4. 将燕窝发好，去除杂质，控净水，撕成细条，用高汤煨熟，
   均匀地摆放在"万"字周围。
5. 锅内加入高汤，用剩余的盐调好味，烧沸打去浮沫，冲入
   盛器内即成。

制作者：王德福

89

燕窝"寿"字白肉

主料

燕窝……………………100 克
猪五花肉………………200 克

配料

鸡蛋黄…………………… 3 个

调料

料酒………………………… 8 克
盐…………………………… 3 克
姜片………………………15 克
花椒………………………适量
清汤………………………适量
葱段………………………适量
三套汤……………………适量

制作关键

1. 燕窝要发透，杂质
   要去净。
2. 肉片要切得厚薄
   均匀。
3. 要整齐地摆放在盛
   器里。
4. 三套汤要清，不可
   混浊。

制作方法

1. 猪五花肉先用开水汆一下后捞出。另起锅，加入猪五花肉、花椒、
   葱段、姜片、少许盐、少许料酒、清汤煮熟，捞出切成片，摆放
   在盘里。
2. 燕窝用开水发好、去除杂质，控净水，撕成细缕，放在一个小碗里，
   倒入清汤煨至入味。
3. 如上一页"万"字制法，用蒸的鸡蛋黄刻出一个"寿"字。
4. 煮好的五花肉片均匀间隔、呈扇形摆放在盛器内。将"寿"字摆
   放在五花肉片的中间，煨好的燕窝均匀地摆放在"寿"字周围。
   三套汤内加入剩余的料酒、剩余的盐烧沸，撇去浮沫，冲入盛器
   内即成。

制作者：王德福

燕窝"无"字鲜鱼丸

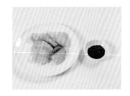

主料

燕窝······················100 克

鳜鱼肉··················300 克

配料

豆芽菜····················100 克

黑芝麻······················20 克

鸡蛋黄······················3 个

鸡蛋清······················40 克

调料

料酒························15 克

盐····························4 克

清汤························适量

制作关键

1. 鱼泥要细腻，丸子大小要均匀。

2. "无"字的大小要适当。

制作方法

1. 如 p.89 "万"字制法，用蒸的鸡蛋黄刻出一个"无"字。鳜鱼肉剁成细泥，放入鸡蛋清、黑芝麻、少许料酒、少许盐、清汤搅成鱼泥备用。

2. 豆芽菜洗净，放入开水锅中焯透，放在盛器里。

3. 鱼泥挤成直径 2.5 厘米的丸子，放入开水中氽熟，捞出放在豆芽菜上。

4. 燕窝发好，去除杂质，控净水，撕成细条，用清汤煨至入味，均匀地铺在丸子上，再将"无"字摆放在中间。清汤中加入剩余的料酒、剩余的盐烧沸，调好味，撇去浮沫，冲入盛器中即成。

制作者：王德福

主料

水发燕窝·········100 克
鸡脯肉···········150 克

配料

豆芽菜···········100 克
鸡蛋黄············· 3 个
口蘑·············· 25 克

调料

料酒·············· 10 克
盐················· 3 克
姜汁·············· 8 克
清汤············· 适量

燕窝"疆"字肥鸡

制作关键

1. 煮鸡脯肉时要掌握
   好火候，火候不宜
   过大。
2. 刻"疆"字的时候
   要尽可能体现出汉
   字书法之美。

制作方法

1. 如 p.89 "万"字制法，用蒸鸡蛋黄刻出一个"疆"字。豆芽菜洗净，
   用水焯透，放入盛器内。水发燕窝去掉杂质，控净水，撕成细条，
   用清汤煨透。口蘑排放于豆芽菜的上面。

2. 锅中倒入水烧开，放入鸡脯肉煮熟，取出放凉。

3. 将鸡脯肉切成长条，摆放在盛器内的豆芽菜上。

4. 将"疆"字置于鸡肉条之上，均匀地散入煨好的燕窝。清汤中放
   入料酒、盐、姜汁烧开，撇去浮沫，冲入盛器内即成。

制作者：王德福

第三章

北京风味

经典热菜

油浇豆芽

　　据说此菜源于孔府，始于乾隆年间。乾隆是个开明皇帝，他的女儿下嫁给衍圣公（孔子后代）当媳妇。乾隆曾几次到孔府做客，每次用膳都让孔府上下煞费苦心。有一次乾隆又驾临孔府，孔府的厨师别出心裁，做了一道豆芽美馔。孔府的厨师选用了上好的豆芽，先放在漏勺里，用炸过花椒的热油淋浇豆芽，撒盐和其他材料后入盘，并将此菜叫作"油浇豆芽"。别看豆芽平常可见，可是经过孔府的厨师精心制作竟然又脆又嫩格外好吃。乾隆皇帝品尝后，果然龙颜大悦，倍加赞赏。从此孔府菜谱中又多了一道新菜品。这道菜也成为北京宫廷菜中的一道名菜。

主料

绿豆芽…………400克

配料

红椒丝……………10克

调料

花椒………………5克
花生油……………25克
盐………………适量

制作方法

1. 将绿豆芽掐去两头，清洗干净。锅里倒入花生油烧热，放入花椒，制成花椒油。

2. 将绿豆芽放在密孔漏勺里，将花椒热油浇在绿豆芽上，待绿豆芽断生时，放入盘中，撒入盐拌匀，用红椒丝点缀即成。

制作关键

1. 绿豆芽要选鲜嫩的。
2. 油温要略高一些。

制作者：赵俊杰

北虫草烩土豆

此菜用的北虫草长 5～8 厘米，颜色呈金黄、橘黄色，又称北冬虫夏草，是一种名贵的药用真菌，与青海冬虫夏草有相似的药用价值和滋补功效。它不像冬虫夏草的价格那么贵，口感还不错。

主料

土豆……………200 克
北虫草……………20 克

配料

青椒………………25 克
红椒………………25 克
火腿………………10 克

调料

鸡汁………………10 克
盐 …………………3 克
味精…………………2 克
清汤………………适量
水淀粉……………适量
花生油……………适量

制作方法

1. 将土豆去皮，切成长条。火腿切成丝。青椒、红椒均切成条。把土豆条、火腿丝、青椒条、红椒条分别焯一下。

2. 将北虫草治净、发好，用清汤煨透。

3. 锅内倒入清汤，加鸡汁、盐、味精调好味。放入土豆条和北虫草烧 5 分钟。

4. 另起锅，倒入花生油，放入土豆条、北虫草、火腿丝、青椒条、红椒条炒至入味，用水淀粉勾薄芡，装盘即可。

制作者：姜海涛

95

　　此菜是老北京的一道传统菜,主要原料是冬至时生长的冬笋。其肉质嫩爽,制作时先炸后炒,调料的滋味都渗到冬笋里。成菜后,冬笋金黄香嫩,滋味十分鲜香。

干烧冬笋

主料

冬笋······950 克

配料

油菜叶······75 克
红椒丝······适量

调料

味精······4 克
料酒······5 克
盐······2 克
花生油······适量

制作方法

1. 将冬笋削去外皮和根部，用清水洗净，切成块，放入盐、料酒拌匀。油菜叶切成丝，炸成菜松，将大部分放在盘里。

2. 锅中倒入花生油，烧至五六成热时，下入冬笋块，不停翻动，炸成金黄色，炸好后倒入漏勺内沥净油。

3. 倒出锅里的油，放入葱花、蒜片，再放入冬笋块回锅翻炒，加入味精翻炒均匀，装在铺好菜松的盘里，撒上红椒丝和剩余的菜松装饰即成。

制作关键

1. 冬笋要选嫩一些的，腌制时盐不宜放太多。

2. 过油炸时要掌握好油温，冬笋要炸成金黄色。

3. 为了菜品美观，也可以把冬笋和油菜叶分开摆放，先把炸好的油菜叶放在盘子四周，再把炒好的冬笋放在盘子中间。成菜黄绿相间，显得更加美观。

制作者：李岩

拔丝红薯

主料

红薯……………500 克

调料

白糖……………150 克
花生油…………1000 克

制作方法

1. 将红薯去皮洗净，控净水，切成滚刀块备用。

2. 炒锅上火，加入大部分花生油烧至七成热，下入红薯块炸至呈金黄色。

3. 炒锅刷洗干净，上火放入剩余的花生油，加入白糖炒散。

4. 待糖先泛起大泡再起小泡，然后气泡即将消失、糖色呈金黄色时，迅速下入红薯块翻炒均匀，出锅装入盘中，蘸凉开水食用即可。

制作者：王俊峰

拔丝山药

主料

山药……………500 克

配料

枸杞………………适量

调料

白糖……………150 克
花生油………1000 克

制作方法

1. 将山药去皮洗净，控净水，切成滚刀块备用。

2. 取炒锅上火，加入大部分花生油烧至五成热，下入山药块炸至呈金黄色。炒锅刷洗干净，上火，放入剩余的花生油，加入白糖炒散。待糖先泛起大泡再起小泡，然后气泡即将消失、糖色呈金黄色时，迅速下入山药块翻炒均匀，再撒上枸杞，出锅装入盘中，蘸凉开水食用即可。

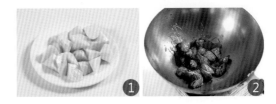

制作关键

熬糖浆是拔丝的关键，必须注意炒糖的火候，太大、太小都拔不出丝来。以糖色呈金黄色，由大泡变小泡、气泡即将消失时投放主料为最佳时刻，动作要快。

制作者：陈道开

拔丝板栗

主料

板栗·················200 克

调料

白糖·················75 克
花生油··············适量
淀粉·················适量

制作关键

1. 炸板栗时要掌握好
   火候，不可过小。
2. 炒糖色时要严格控
   制好火候。

制作方法

1. 在板栗皮上面切十字刀，注意不要切断。

2. 将板栗放入锅中，加水煮熟，去皮。

3. 将板栗仁均匀地裹上淀粉，放入油锅中炸至呈金黄色。

4. 炒锅里放入白糖和温水，慢慢熬炒，待白糖由稠变稀、由
   白色变成浅黄色时，放入炸好的板栗仁翻炒，见糖汁均匀
   地裹在板栗仁上即可出锅装盘，蘸凉开水食用即可。

制作者：李传刚

拔丝腰果

主料

腰果·················150 克

配料

面粉·················适量

调料

白糖·················75 克
花生油···············适量
泡打粉···············适量

制作关键

1. 炸腰果时要掌握好
   火候，不可过小。
2. 炒糖色时要严格控
   制好火候。

制作方法

1. 面粉中加入水、泡打粉调成面糊。

2. 腰果裹上面糊，放入烧至三四成热的油锅中，炸至呈金黄色。

3. 炒锅里放入白糖和温水，慢慢熬炒。

4. 待白糖由稠变稀、由白色变成浅黄色时，放入炸好的腰果翻炒，见糖汁均匀地裹在腰果上即可出锅装盘，蘸凉开水食用即可。

制作者：母东

　　此菜原是孔府菜，后传至北京，发展成北京的一道宴席菜。相传春秋时期的思想家、教育家孔子的府中，设有诗礼堂，那是孔子教育他的儿子孔鲤学诗、礼的地方，也是他的后代们学习诗、礼的地方。后来，堂前长出了两棵银杏树，结出的果实饱满硕大。于是，孔府的家厨们就用这两棵银杏树上结出的白果做成鲜甜可口的菜肴，供学者们食用。学者们吃了此菜后，学习兴趣倍增，成绩优异。消息一经传开，此菜便名扬四方。因这两棵银杏树生长在孔府的诗礼堂前，所以，人们称此菜为"诗礼银杏"。一次，孔府为慈禧太后做寿也做了此菜，慈禧太后尝后备加赞赏，并叫御厨学会此菜，方便以后在宫廷里享用。"诗礼银杏"一菜历代相传，经久不衰，深得食客喜爱，誉满大江南北。

诗礼银杏

主料

白果仁·················· 200 克

调料

盐······························1 克

白糖·······················10 克

蜂蜜·······················10 克

桂花酱······················3 克

枸杞·······················适量

花生油······················适量

制作方法

1. 将白果仁洗净，放入开水锅中焯一下，捞出。

2. 锅里倒入花生油，放入白糖略炒至变色，然后加入水、盐、蜂蜜、桂花酱和白糖，用小火炒至化开，把糖汁炒至发黏时，放入白果仁翻炒均匀，出锅装盘，撒上枸杞即成。

制作关键

1. 白果仁要选品质好的。

2. 烹制时火候不宜过大。

制作者：王德福

主料

雪贝·············100 克
鲜贝·············100 克

配料

青椒·············10 克
红椒·············10 克
香菇··············5 克
鸡蛋··············1 个

调料

盐················3 克
味精··············2 克
料酒··············2 克
姜汁··············3 克
白糖··············1 克
豆瓣葱············4 克
蒜片··············3 克
辣椒油···········适量
水淀粉···········适量
清汤·············适量
花生油···········适量

制作关键

1. 雪贝和鲜贝烹制之前要用清水反复冲洗几次，并且一定要用开水余透。
2. 过油时油温不要过高。
3. 芡汁不宜过多。
4. 辣度要适中。

炒双贝

制作方法

1. 将青椒、红椒分别切成菱形片，香菇切成块，放入开水锅中焯一下。
2. 雪贝和鲜贝洗净，放入开水锅中余透。取一个碗，放入鸡蛋、清汤、料酒、盐、味精、白糖、豆瓣葱、蒜片、姜汁、辣椒油和水淀粉调匀，制成芡汁。
3. 炒锅里倒入花生油烧至三四成热，放入余好的雪贝和鲜贝过一下油，然后一起捞出、控净油，再放回留底油的炒锅里，放入香菇块、青椒片、红椒片，倒入调好的芡汁轻轻翻炒几下，见芡汁均匀裹在雪贝和鲜贝上即可装入碗中。

制作者：王俊峰

油爆雪贝

主料

雪贝⋯⋯⋯⋯⋯300 克

配料

青椒⋯⋯⋯⋯⋯10 克
红椒⋯⋯⋯⋯⋯10 克
香菇⋯⋯⋯⋯⋯ 5 克

调料

盐⋯⋯⋯⋯⋯⋯ 3 克
味精⋯⋯⋯⋯⋯ 2 克
料酒⋯⋯⋯⋯⋯ 2 克
姜汁⋯⋯⋯⋯⋯ 3 克
白糖⋯⋯⋯⋯⋯ 1 克
豆瓣葱⋯⋯⋯⋯ 4 克
蒜片⋯⋯⋯⋯⋯ 3 克
辣椒油⋯⋯⋯⋯适量
水淀粉⋯⋯⋯⋯适量
清汤⋯⋯⋯⋯⋯适量
花生油⋯⋯⋯⋯适量

　　雪贝是魔芋的加工制品。我国魔芋的加工制品越来越多，为烹制更多的保健菜肴打下了基础。此菜是用雪白的雪贝和鲜红的辣椒油炒制而成。成菜脆嫩，咸鲜辣香。

制作方法

1. 将青椒、红椒、香菇分别切成菱形片，放入开水锅中焯一下。
2. 雪贝洗净，放入开水锅中余透。取一个碗，放入清汤、料酒、盐、味精、白糖、豆瓣葱、姜汁、蒜片和水淀粉调匀，制成芡汁。
3. 锅里倒入花生油烧至三四成热，放入余好的雪贝、青椒片、红椒片、香菇片过一下油，再一起捞出、控净油，放回留底油的炒锅里，倒入调好的芡汁和辣椒油，轻轻地翻炒几下，见芡汁均匀地裹在雪贝上即可装入盘中。

制作者：郭文亮

105

　　相传此菜出自明朝宫廷。明太祖朱元璋当皇帝后，有一年天下大旱，灾情异常
严重。朱元璋为祈神求雨，连着吃素好几个月，以致身子虚弱，食欲不振。一天军
师刘伯温老家来人，捎来家乡特产香菇，于是刘伯温便让厨师烹制了"烧香菇"一
菜，献给朱元璋品尝。朱元璋食后非常满意，数月来他从未吃过如此美味，连声称
赞，并询问此菜何名，产于何处。刘伯温回答说："此菜名为香菇，产于浙江。传说，
有一位叫香菇的女孩为躲避财主迫害逃至山中，以山中生长的这种菜充饥，活到了
100多岁，所以人们称此菜为香菇。"从此朱元璋经常食用此菜，并赐名为"长寿菜"。
后来，此菜随着明朝国都迁至北京而在北京流传开来。此菜香醇软滑，鲜美可口，
营养滋补。

炒长寿菜

主料

干香菇·················600 克

调料

酱油·····················5 克
葱段·····················6 克
姜·························5 克
白糖·····················2 克
盐·························3 克
味精·····················1 克
香油·····················2 克
枸杞·····················1 个
水淀粉···················适量
鲜汤·····················适量
花生油···················适量

制作方法

1. 干香菇去底部，反复洗净泡透。姜切成片。

2. 炒锅内倒入花生油烧热，放入葱段、姜片煸炒出香味后，再放入香菇翻炒，加入酱油、鲜汤、白糖、盐、味精，用大火烧开，再改用小火焖约 15 分钟，待香菇入味、汤汁发黏时，用水淀粉勾薄芡，淋入香油，用枸杞装饰即可。

制作关键

1. 干香菇泡发时一定要洗净泥沙，反复冲洗泡透。

2. 水淀粉不宜过多。

制作者：杨忠海

金瓜宝塔杏鲍菇

主料

金瓜·················400 克

杏鲍菇·············300 克

配料

雪菜·················150 克

调料

盐·····················3 克

白糖·················3 克

蚝油·················适量

鲍汁·················适量

水淀粉·············适量

清汤·················适量

制作方法

1. 杏鲍菇切回字刀。

2. 将金瓜刻成花朵形。雪菜洗净切碎，加入盐、白糖调匀。

3. 切好的杏鲍菇放入模具内，装入雪菜碎。取一个小碗，放入蚝油、清汤和水淀粉调匀，制成芡汁。

4. 刻好的金瓜放入蒸锅内，将宝塔形杏鲍菇扣入金瓜内，淋上芡汁蒸至入味成熟，出锅前再淋上鲍汁装盘即可。

制作关键

1. 杏鲍菇刀口要切得均匀，要有层次感。

2. 金瓜一定要蒸熟。

制作者：张奇

珍珠素鲍

主料

杏鲍菇 ············· 500 克

配料

鹌鹑蛋 ············· 8 个
青车厘子 ············· 5 个
红车厘子 ············· 5 个
黄瓜 ············· 半根
胡萝卜 ············· 半根

调料

盐 ············· 3 克
味精 ············· 2 克
酱油 ············· 2 克
葱段 ············· 8 克
姜片 ············· 5 克
白糖 ············· 2 克
水淀粉 ············· 适量
清汤 ············· 适量
花生油 ············· 适量

制作方法

1. 将杏鲍菇洗净放入开水锅中焯一下，切成薄片。

2. 炒锅中加入清汤、葱段、姜片、少许盐、少许味精和杏鲍菇片一起炒至入味。

3. 将炒好的杏鲍菇片整齐地码放在小碗内，上火蒸熟。

4. 将蒸好的杏鲍菇片反扣在盘中。炒锅里加入清汤、剩余的盐、剩余的味精、酱油、白糖烧开，淋入水淀粉见芡汁发黏后淋入花生油。留少许芡汁，其余的浇在杏鲍菇上。黄瓜和胡萝卜切成薄片，间隔摆在杏鲍菇的四周。青、红车厘子一切两半，将鹌鹑蛋和切好的青车厘子、红车厘子（留半个备用）间隔放在黄瓜片和胡萝卜片上。将半个红车厘子放在黄瓜片上，然后放在杏鲍菇的中间，在鹌鹑蛋上浇上少许芡汁即成。

制作者：张奇

　　据文字记载，此菜原名"扒猴头"，是河南地区的特色菜，后传入北京，成为北京的一道菜。猴头菇是一种大型真菌，肉嫩味鲜，富含蛋白质和多种维生素，后来被称为"素中荤"。传说很久以前，一位采药的男青年救了一位从岩石上跌下来的姑娘，男青年把她送回了家中。姑娘心中一直感念救命恩人，便到山林中独自寻找青年，不知找了多少个日夜，男青年仍然踪影全无。姑娘饿得两眼发花，浑身无力，跌落在一棵树底下，过了一会儿醒了过来，闻到了一股诱人的香气，睁眼一看，只见眼前的树上结着一个像猴头的大蘑菇，她便摘下来吃了。吃饱后，精神也足了，终于找到了她日夜思念的男青年，并且就在长有猴头菇的树下结成夫妻。过去猴头菇是散着长的，自从这对情人去世后，猴头菇便成对地长在树上，于是大家就传说这对情人变成了猴头菇。当然这只是其中的一种传说，但使用猴头菇做菜却有很多年了。清朝时厨师们就取用成熟的猴头菇去掉柄洗净，切成片，加笋片、香菇一同炒。成菜口感脆嫩，香醇鲜美无比，成为名菜后传入宫中，成为宫中膳食及满汉全席中的珍肴，与熊掌、海参、鱼翅并列为"四大名菜"，驰名中外。

御膳猴头

主料

猴头菇片 ············· 200 克

配料

熟火腿片 ·············· 25 克

香菇 ················· 50 克

调料

水淀粉 ················ 40 克

料酒 ················· 10 克

盐 ·················· 2 克

味精 ················· 2 克

葱段 ················· 10 克

姜片 ················· 10 克

鲜汤 ··············· 1000 克

猪油 ················ 100 克

香菜叶 ··············· 适量

制作方法

1. 将猴头菇片发好，放入开水锅中焯一下，捞出沥干水，放在碗里。

2. 香菇去底部，洗净泡透。取一个碗，放入猴头菇片、香菇、火腿片，加入少许盐、少许料酒、少许味精以及葱段、姜片，再放入蒸锅中蒸熟。将蒸熟的猴头菇沥去汤，放入铺好熟火腿片的盘中，在猴头菇的四周围上香菇。

3. 炒锅里放入猪油烧热，加入鲜汤烧开，再放入原汤、剩余的盐、剩余的料酒、剩余的味精烧开，浇入水淀粉勾薄芡，淋在盘中的猴头菇上，用香菜叶装饰即可。

制作关键

1. 猴头菇一定要发透。猴头菇本身无明显的味道，所以要用好汤赋味。

2. 勾薄芡时火力要猛。

制作者：韩应成

　　"香炸雀舌"是芜湖徽菜馆同庆楼的传统茶菜，它以谷雨前采摘的"黄山毛峰"纤嫩芽头为原料，挂蛋糊经油炸而成。传说清朝乾隆皇帝下江南时，一路边游览山色美景，边饱尝奇珍异果。游至皖南地界时，徽帮厨师见他吃腻了嘴，便制作此菜请他品尝，他食后顿感清香甘美、回味无穷，便叫随身御厨学会制作此菜带回宫里，以便经常食用。久而久之它就成为宫廷里的一道名菜，后传入民间。

　　北京老舍茶馆经营此菜更有独到之处，因而成为老舍茶馆茶菜中深受食客喜爱的一道名菜。

炸雀舌

主料

黄山毛峰⋯⋯⋯⋯⋯⋯8 克

配料

面粉⋯⋯⋯⋯⋯⋯⋯⋯100 克

鸡蛋⋯⋯⋯⋯⋯⋯⋯⋯1 个

调料

盐⋯⋯⋯⋯⋯⋯⋯⋯⋯2 克

味精⋯⋯⋯⋯⋯⋯⋯⋯2 克

苏打粉⋯⋯⋯⋯⋯⋯⋯2 克

花生油⋯⋯⋯⋯⋯⋯⋯适量

制作方法

1.面粉中依次加入鸡蛋、苏打粉、盐、味精，用水调匀成糊状。

2.将黄山毛峰用开水冲泡至完全舒展，然后滗去茶水。

3.将黄山毛峰裹上面糊。锅里倒入花生油，烧至三四成热时放入裹好面糊的黄山毛峰，炸至呈金黄色即成。

制作关键

1. 面粉糊的浓度要调合适。

2. 炸时要掌握好油温。

制作者：李志刚

　　此菜为北京柳泉居饭庄的名菜，是创新菜之一，曾获北京市创新优质奖。它采用独特的拔丝技法制作而成。其特点是"金丝缕缕甘甜脆，味美奇香引客来"。此菜一般在宴席上才会出现。

拔丝鸡蛋

主料

鸡蛋······················3 个

调料

淀粉······················25 克
白糖······················75 克
盐·······················1 克
花生油··················75 克

制作方法

1. 将鸡蛋磕入碗中打散，加入少许淀粉及盐调匀，放入加入少许花生油的锅内摊成鸡蛋饼。

2. 将鸡蛋饼切成菱形块。

3. 将菱形鸡蛋饼裹上淀粉。

4. 锅里放入剩余的花生油烧至四成热，放入菱形鸡蛋饼炸至全部浮起、呈金黄色时捞出，控净油。另起锅，锅内加入白糖和温水，慢慢熬炒，待白糖由稠变稀、由白色变成浅黄色时，放入炸好的菱形鸡蛋饼翻炒，见糖汁均匀地裹在菱形鸡蛋饼上即可出锅，蘸凉开水食用即可。

制作关键

1. 鸡蛋饼过油炸时，油温不可过高，以免上色不美观。

2. 做拔丝菜时，要严格掌握火候。特别是炒糖的时候，火小容易出现返砂现象，火大成品会有煳苦味。原料选用不当，火候处理不符合要求，都会造成制作拔丝菜肴失败。

制作者：王高奇

拔丝香蕉

主料

香蕉·············250 克

配料

面粉·············150 克

调料

白糖·············75 克
淀粉·············25 克
花生油···········适量
泡打粉···········适量

制作关键

1. 香蕉块不宜切得
   过大。
2. 发面糊要不厚不
   稀，挂糊要均匀。
3. 香蕉块过油炸时，
   油温不可过高，以
   免上色不美观。

制作方法

1.将香蕉去皮，切成块，裹上面粉备用。

2.将淀粉加水调匀，再加入适量的泡打粉调成面糊。

3.炒锅上火，加入花生油烧至四五成热，把香蕉块裹上面糊逐一投
入油锅中，慢火炸至香蕉块浮起、呈金黄色时捞出。

4.炒锅内放入白糖和温水，慢慢熬炒，待白糖由稠变稀、由白色变
成浅黄色时，投入炸好的香蕉块翻炒，使糖汁均匀地裹在香蕉块上，
蘸凉开水食用即可。

制作者：段建部

自制"养生豆腐"配蟹钳

主料

鸡蛋····················· 6 个
纯牛奶··············100 克
蟹钳····················· 2 个

配料

蟹味菇··············15 克
白玉菇··············15 克
菠菜··················100 克
南瓜····················适量

调料

盐······················10 克
鸡精··················10 克
白糖····················· 5 克
鸡汁··················10 克
浓汤··················150 克
姜片····················适量
葱段····················适量

制作方法

1. 菠菜洗净，剁成蓉，挤干水。鸡蛋打散，加入纯牛奶、白糖、盐和鸡精搅匀，装入小碗内。南瓜打成泥。

2. 锅上火加入水，将搅好的鸡蛋液放在箅子上，上面均匀地覆盖菠菜蓉蒸制15分钟后取出，制成"养生豆腐"，切成方块。

3. 蟹钳洗净，放入盘中，再放入葱段、姜片，上箅子蒸制3分钟后取出。蟹味菇、白玉菇焯水后用浓汤煨至入味。

4. 盘底放上南瓜泥，再放上"养生豆腐"，摆上蟹味菇、白玉菇，最后放上蟹钳即可上桌。

制作关键

1. 制作"养生豆腐"时要调好食材的比例。

2. 蒸制时要掌握好火候。

制作者：李志强

　　龙井豆腐作为我国特有的传统美食，其营养丰富、口感独特。上至帝王将相下至平民百姓都对其倍加青睐。捧着盛在白瓷盖碗中玲珑可人的龙井豆腐，啜饮回味悠长、鲜滑香爽的高汤，细品山珍海味与香茗间交融的特色口感，让人感觉惬意无比。这来自皇家的清新的御食之风亦可在纷繁的都市间静静品味。

　　龙井豆腐源于北京老舍茶馆宫廷食府品珍楼。此款美味系老舍茶馆名厨以鸡蛋为原材料制成"嫩豆腐"，并精心选用猪肘、牛肉、老鸡、干贝等食材，细火慢炖6小时，精制而成高汤，后辅以老舍茶馆茶基地生产出的大佛龙井鲜茶制作而成的。成菜汤色金黄清澈，鲜香馥郁。龙井嫩芽青绿，口感滑嫩。豆腐鲜滑爽嫩，口味清新。

龙井豆腐

主料

鸡蛋豆腐 ············ 300 克
大佛龙井茶 ············ 2 克

调料

盐 ·················· 2 克
味精 ················ 2 克
清鸡汤 ············· 200 克
纯净水 ············· 适量

制作方法

1. 将鸡蛋豆腐切成方块。

2. 将豆腐块放入茶碗中，上箅子蒸 5 分钟后取出，中间用牙签扎个洞。

3. 大佛龙井茶用 90℃ 的纯净水泡好。锅烧热，加入清鸡汤，用盐和味精调好味，然后倒入泡好的茶水，制成茶汤。

4. 将豆腐块中间插入泡好的龙井嫩芽，浇入调好味的茶汤即可。

制作者：李志刚

　　此菜是老北京独特的菜品。相传它是从民间传入宫廷的，慈禧太后很喜欢吃。麻豆腐是用制作绿豆淀粉时缸中沉淀的细渣经特殊加工处理而成。配以腌制的雪里蕻、青豆，口感咸酸辣香，很多老北京人都喜欢吃。

炒麻豆腐

主料

麻豆腐·················· 350 克

配料

雪里蕻碎·············· 50 克
青豆······················ 30 克

调料

盐··························· 2 克
酱油······················ 5 克
料酒····················· 10 克
干红辣椒段··········· 5 克
黄酱······················ 适量
葱花······················ 适量
姜末······················ 适量
羊油······················ 适量
花生油·················· 适量

制作方法

1. 青豆用水略泡一会儿，放入开水锅中煮熟。锅内倒入花生油烧热，放入干红辣椒段翻炒，制成辣椒油。另起锅，倒入羊油烧热，先放入葱花、姜末和黄酱煸炒出香味，再放入麻豆腐翻炒，边炒边加入料酒、酱油、盐、雪里蕻碎。

2. 放入青豆和水，改用小火，不断翻炒以免煳锅，炒至熟透时即可装入盛器中。

3. 用手勺在麻豆腐上按个坑，把炸好的辣椒油倒在上面即成。

制作关键

1. 麻豆腐要选用发酵适中的。
2. 雪里蕻切成碎前，要洗净撒盐。

制作者：刘永克

121

　　传说此菜出于清乾隆年间。乾隆还没有当皇帝，在山东游玩时，曾去看望他的老师。师生相见，格外亲切，激动地一个劲儿地谢恩。时间至晌午，老师还没有想出拿什么来招待皇子。情急之下，他突然想起当地的"箱子豆腐"一菜。据说，当地的"孝妇泉"泉水清洌甘甜，用此泉水制作的豆腐非常柔韧细嫩，所以，当地的豆腐非常好吃。于是，老师命家厨精心制作菜品呈献给皇子。席间，弘历果真被此菜光亮的色泽、香嫩的馅心、清香的口感、精美的造型所吸引，食不停口，赞不绝口，并叫厨子学会此菜的做法带回家中。此菜成品形态美观，软嫩醇香，营养丰富。

制作关键

1. 豆腐要选用硬实一些的豆腐，水分少的为好，切的时候要注意切得一般大。

2. 过油炸豆腐时要掌握好油温，不可炸得过干，也不可炸得过软。

三鲜豆腐盒

主料

豆腐·················· 500 克

配料

水发灰刺参·········· 50 克

虾仁················· 50 克

冬笋················· 50 克

水发香菇·········· 50 克

胡萝卜丁·············适量

青豆·················适量

调料

花生油·················· 75 克

酱油················· 15 克

盐···················· 4 克

料酒················· 8 克

姜汁················· 10 克

白糖················· 3 克

水淀粉··············· 60 克

高汤··············· 300 克

葱末················· 4 克

味精·················适量

制作方法

1. 将虾仁、水发灰刺参、水发香菇、冬笋洗净，分别切成小丁，放在盘里。

2. 取一个碗，放入切好的食材，再放入胡萝卜丁，加入盐、少许料酒、姜汁、葱末、味精搅匀成馅。

3. 将豆腐切成长方块，抹上少许酱油，放入油锅中炸成金黄色，捞出控净油。在距炸好的豆腐顶部 1 厘米处切开，挖空里面的豆腐，把制好的馅酿进去，放入青豆，再盖上切下的豆腐，制成盒状，依次做好，整齐地摆放在盘中。

4. 盘里加入高汤、剩余的料酒、白糖、剩余的酱油、味精，上蒸锅蒸至入味，取出沥干汁水，整齐地摆放在盛器中。

5. 锅里放入蒸豆腐盒的原汤，烧开后撇去浮沫，淋入水淀粉，浇在豆腐盒上即成。

制作者：赵俊杰

珍菌口袋豆腐

主料

日本豆腐·········100 克

配料

香菇、牛肝菌、滑子菇、茶树菇、红椒粒·······各适量

调料

盐·····················3 克
味精·················2 克
料酒·················4 克
葱末·················5 克
姜末·················5 克
鸡油·················适量
水淀粉·············适量
清汤·················适量
色拉油·············适量
香菜梗·············适量

制作关键

1. 炸豆腐时要掌握好火候,不可过大。

2. 装菌菇粒时要适度,不可装得过满。

制作方法

1. 香菇、牛肝菌、滑子菇、茶树菇切成粒。将日本豆腐切成段,放入热油锅中炸至呈金黄色时捞出,用小勺把炸好的豆腐段的心挖出来。把切好的菌菇粒焯水。

2. 锅内放鸡油烧热,放入葱末、姜末煸炒出香味,加入菌菇粒,再放入少许盐、少许料酒、少许味精调好味,炒熟。

3. 装入挖好的口袋豆腐内,用香菜梗系住口,上蒸锅蒸 5 分钟后取出。炒锅里放入清汤,加入剩余的盐、剩余的料酒、剩余的味精烧开,淋入水淀粉勾薄芡,再淋上色拉油搅匀,淋在口袋豆腐上,撒上红椒粒即成。

制作者:张奇

满载而归

主料

日本豆腐·········200 克

配料

韭菜·················	1 把
蒜薹·················	1 把
鸡蛋清··············	2 个
马蹄·················	适量
香菇·················	适量
虾仁·················	适量
猪肥肉膘············	适量

调料

味精·················	2 克
蒜粒·················	4 克
白糖·················	3 克
盐··················	3 克
胡椒粉··············	适量
蚝油·················	适量
香油·················	适量
鸡精·················	适量
酱油·················	适量
花生油··············	适量

制作方法

1. 日本豆腐切成段。韭菜、蒜薹放入开水锅中烫一下。

2. 将豆腐段放入油锅中炸至呈金黄色时捞出，用小勺把炸好的豆腐段的心掏空。

3. 将猪肥肉膘、虾仁、马蹄、香菇切成粒，加入蒜粒、蚝油、酱油、盐、鸡精、味精、白糖、胡椒粉、香油、鸡蛋清调成馅。

4. 把调好的馅塞入口袋豆腐内，用烫好的韭菜系好口，放入蒸锅中蒸熟，取出摆到盘子里烫好的蒜薹上即成。

制作者：何文清

炒素百叶

主料

素百叶片·········200 克

配料

红椒丝·············适量

调料

香菜··················	25 克
葱··················	4 克
料酒··················	5 克
盐··················	3 克
味精··················	2 克
蒜··················	2 瓣
胡椒粉··················	适量
醋··················	适量
香油··················	适量
姜··················	适量
花生油··················	适量

制作方法

1. 素百叶片洗净，放入汁水锅中焯一下。

2. 香菜去叶留梗，切成段。葱切成段。姜、蒜切成片。

3. 炒锅里倒入花生油烧热，放入切好的葱段、姜片、蒜片煸炒出香味，放入素百叶片翻炒，边炒边加入料酒、盐、味精，放入胡椒粉、醋，再放入香菜段、红椒丝，出锅前淋入香油装盘即成。

制作关键

1. 素百叶片要焯透。

2. 要用大火急速翻炒。

3. 香菜段要后放。

制作者：李岩

太极奶酪

此菜是北京老舍茶馆特别研制的一款体现"茶之心"的茶人珍馔。此款茶馔是用纯天然有机绿茶粉、有机牛奶、木糖醇作为原料，以古法宫廷奶酪为基础做成的创意甜品。在品尝美食的过程中，思忆古人。在道家看来，"道"的全部智慧都包含在一个阴阳鱼的图案里，"一阴一阳谓之道"，而"道"，是多少人穷其一生追求的终极真理。当然，道也包含在茶中，否则不会有"茶道"一词。茶道所追求的"茶之心"是保持天然的本心，善养其体，善养其德。

制作方法

1.有机牛奶中加入木糖醇煮开，放凉。

2.将煮好的牛奶混合物过箩到碗中。

3.将烤箱提前预热至100℃，放入牛奶混合物加热1小时。

4.取出放凉，用绿茶粉绘出太极图案即可。

主料

有机牛奶·········100 克

调料

木糖醇··············· 5 克
绿茶粉·············· 适量

制作者：李志刚

127

拔丝奶酪球

主料

奶酪球…………200 克

调料

白糖………………75 克
花生油……………适量
淀粉………………适量

制作方法

1. 奶酪球裹上淀粉。

2. 锅内倒入花生油，烧至四成热时，放入奶酪球炸至呈金黄色。

3. 炒锅里放入白糖和温水，慢慢熬炒，待白糖由稠变稀、由白色变成浅黄色时，放入炸好的奶酪球翻炒，见糖汁均匀地裹在奶酪球上即可出锅，蘸凉开水食用。

制作关键

1. 奶酪球裹淀粉时要分几次裹，淀粉厚一些更好。

2. 炒糖时要严格掌握好火候。

制作者：刘永克

拔丝巧克力球

主料

巧克力球·········200 克
面包糠··············适量

调料

白糖················75 克
花生油············适量
淀粉················适量

制作方法

1. 巧克力球均匀地裹上淀粉，再裹上一层面包糠。
2. 将巧克力球放入烧至四成热的油锅中，炸至呈金黄色。炒锅里放入白糖和温水，慢慢熬炒。
3. 待白糖由稠变稀、由白色变成浅黄色时，放入炸好的巧克力球翻炒，见糖汁均匀地裹在巧克力球上即可出锅，蘸凉开水食用。

制作者：赵军

　　有人将核桃与扁桃仁、腰果、榛子并列为"世界四大干果",而做此菜的主料之一即是核桃仁。此菜是厨师们根据宫廷御膳房档案的记载,在中国宫廷菜"炒三泥"的基础上演化发展而来的。菜品得到了食客的认可,成为一道北京风味名菜。它是以核桃仁、鸡蛋清、面包为主料,配以其他各种果料烹制而成。其特点是外形美观,核桃泥松软甜香,入口即化,果味较浓,使人回味无穷。

制作关键

1. 蛋清糊一定要打好,不可打澥。蒸时要注意火候,既要蒸熟,又要蒸成雪白色。

2. 几种果脯的丁不可切得过大。

3. 炒核桃泥时要不断地翻炒,白糖最好后放。

雪花核桃泥

主料

核桃仁·················· 50 克
鸡蛋······················ 6 个
咸面包·················· 250 克

配料

土豆（去皮）········· 1 个
水发香菇·············· 2 个
葡萄干·················· 25 克
红枣····················· 25 克
青梅····················· 25 克
腰果····················· 25 克
杏························· 25 克
梨························· 25 克
苹果····················· 25 克
板栗····················· 25 克
红椒片·················· 6 片

调料

香菜····················· 1 根
白糖····················· 150 克
糖桂花·················· 25 克
熟猪油·················· 150 克
植物油·················· 适量

制作方法

1. 将咸面包去皮，用温水泡软、掰碎后挤净水。核桃仁用开水浸泡，去皮，放入油锅中炸至呈金黄色后剁成碎，放入小碗中。

2. 将葡萄干、红枣、青梅、腰果、杏、梨、苹果、板栗、土豆、香菇分别切成小丁。将蛋清和蛋黄分开，蛋黄打散。蛋清打成泡沫状放在盘中摊开，蒸熟。

3. 将炒锅内放入熟猪油，用小火烧热，放入核桃碎、面包泥、步骤 2 中切好的各种丁、糖桂花和打好的蛋黄，用手勺不断翻炒至没有水分，再加入白糖炒成团，盛入盘内摊平，最后把蒸好的蛋清糊放在上面，四周用核桃碎点缀，中间用红椒片和香菜装饰即成。

制作者：柳建民

此菜是北京柳泉居饭庄的名菜，曾获北京市创新优质奖。其采用独特的拔丝技法，将肉片包入豆沙馅，再挂发面糊，放入油锅中炸成金黄色，捞出后放入炒好的糖液中。菜肴做好后，其特点是"金丝缕缕，甘甜脆，味美鲜香引客来"。此菜一般在宴席上才会出现。

制作关键

1. 鸡肉片得不能过厚，豆沙馅要捏成直径1厘米大小的球。

2. 发面糊的浓度要调制合适，挂糊要均匀。

3. 过油炸时，油温不可过高，以免上色后不好看。

4. 炒糖时要严格掌握火候。

拔丝鸡盒

主料

鸡脯肉 ·············· 300 克

配料

豆沙馅 ·············· 150 克
面粉 ················ 150 克
小鸡馒头 ·············· 6 个

调料

淀粉 ················ 25 克
花生油 ·············· 75 克
白糖 ················ 75 克
碱面 ················ 适量
枸杞 ················ 适量

制作方法

1. 将鸡脯肉洗净，切成直径 3 厘米的圆片，从中间片一刀使两片相连，撒上面粉备用。

2. 将豆沙馅搓成小球夹在备好的肉片中。淀粉加水调匀，再加入碱面调成面糊。

3. 炒锅上火，加入花生油烧至五六成热，将做好的鸡盒裹上面糊，逐一投入油锅中小火炸至鸡盒漂浮，呈金黄色时捞出。

4. 炒锅内放入白糖和温水，慢慢熬炒，待白糖由稠变稀、由白色变成浅黄色时，投入炸好的鸡盒翻炒，使糖汁均匀地裹在鸡盒上即可出锅，四周用小鸡馒头和碱面装饰，撒上枸杞，蘸凉开水食用即可。

制作者：赵俊杰

蜜汁葫芦

主料

面粉·············150 克
鸡蛋·············150 克

配料

胡萝卜·············1 根
水发香菇·············4 个

调料

蜂蜜·············50 克
猪油·············30 克
白糖·············20 克
盐·············2 克
黑芝麻·············适量
植物油·············适量

制作关键

1. 面粉、开水、鸡蛋的比例要合适。
2. 猪油要提前炼制。
3. 糖汁不宜过浓。

蜜汁葫芦是一道传统名菜。此菜先将面粉烫熟，再加鸡蛋调成硬糊，制成丸子炸酥，裹上蜂蜜、芝麻制作而成。虽用料普通，但色泽金黄、外圆内空、形如葫芦、酥脆香甜，是极受欢迎的大众化甜菜，亦可作小吃上市。

制作方法

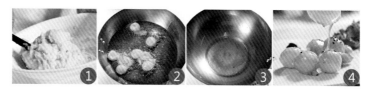

1. 胡萝卜和水发香菇切成碎。将面粉放入碗中，缓慢倒入150克开水，用筷子搅成面团，然后加入鸡蛋、胡萝卜碎和香菇碎，搅成糊状，再加入猪油，搅拌均匀。

2. 炒锅置于中火上，加入植物油烧至四成热时离火。将烫面糊用手挤成丸子，投入油锅中，全部挤完后，将油锅重新置于火上，炸至呈金黄色，且成外圆内空的葫芦形，然后用漏勺捞出，沥净余油。

3. 炒锅仍置于火上，放入蜂蜜、白糖、盐搅拌成糊状。待其发黏时倒入炸好的"葫芦"。

4. 撒上黑芝麻翻炒均匀，起锅装入盘中即成。　　　制作者：赵军

御品状元鸡

主料

北京油鸡············ 1 只

配料

香菇·················· 5 克
竹荪·················· 5 克
牛肝菌················ 5 克
滑子菇················ 5 克
蘑菇·················· 5 克
红枣·················· 5 克

调料

盐···················· 6 克
葱段·················· 5 克
姜片·················· 10 克
清汤················ 1000 克
料酒················· 10 克

制作方法

1. 香菇切成片。将竹荪发好，洗净后切成段。将蘑菇、牛肝菌、滑子菇发好，洗净后切成片。

2. 油鸡宰杀、去内脏后洗净，投入沸水锅中汆一下，汆好后捞出，放入水中清洗干净，使鸡肉白净。

3. 锅置大火上，加入清汤、葱段、姜片、盐、料酒和洗净的鸡，烧滚片刻后，放入香菇片、竹荪段、滑子菇片、牛肝菌片、蘑菇片、红枣，转小火焖至鸡肉酥烂，用漏勺捞出油鸡，原汤备用。

4. 把油鸡放入御锅中，倒入原汤烧开即可。

制作关键

1. 处理鸡时一定要去除鸡肺。
2. 必须要用开水汆鸡。
3. 炖鸡时先用大火烧开，再用小火炖熟。

制作者：张奇

　　据说，此菜出于隋朝末年。昏君杨广专横跋扈，极度奢侈。一次他到野外游玩、狩猎，累了坐下休息，感到腹中饥饿，令厨师送上饭菜，他吃了几口感到不甚可口，便下令命随从去找当地的名厨重做。随从几经周折终于在山脚下找到了一户人家，这家人听说皇上要吃他们做的菜，惊恐万分，不知所措。这家有个四姑娘，天生手巧，烹调手艺在当地也小有名气。四姑娘想了想便开始做菜，不一会儿菜就做好了，端到杨广面前。杨广品尝后，连声称赞好吃。四姑娘进屋面见杨广，杨广又惊又喜——原来此山村竟有如此美丽的女子，并能做得一手好菜！他给了四姑娘家丰厚的奖赏，又把四姑娘带回宫中教御厨烹制此菜。因此菜形似象牙，故将菜赐名为"象牙鸡条"。从此，"象牙鸡条"这道菜便在宫廷里流传下来。后又传到北京民间，一直流传至今。

象牙鸡条

主料

鸡脯肉 ················ 300 克

配料

冬笋 ··················· 50 克
胡萝卜 ················ 25 克
香菇 ··················· 25 克
蛋清 ··················· 1 个
红椒条 ················ 适量

调料

葱末 ··················· 10 克
姜汁 ··················· 8 克
鸡油 ··················· 5 克
蒜片 ··················· 6 克
白糖 ··················· 3 克
清汤 ··················· 适量
盐 ······················ 适量
料酒 ··················· 适量
水淀粉 ················ 适量
花生油 ················ 适量
淀粉 ··················· 适量
小苏打 ················ 少许

制作方法

1. 将鸡脯肉切成象牙条，加入小苏打搅匀，再加入清水浸泡，反复用清水冲洗以去除苏打味。沥干水后加入蛋清、盐、淀粉调匀上浆。

2. 将冬笋、胡萝卜、香菇切成条，放入开水锅中焯一下备用。

3. 锅里放入花生油，烧至二三成热时放入浆好的鸡肉条，滑透后捞出控净油。

4. 炒锅里放入底油烧热，放入鸡肉条、冬笋条、胡萝卜条、香菇条、红椒条一起翻炒，再放入葱末、姜汁、蒜片、白糖、盐、清汤、料酒翻炒，待其入味后淋入水淀粉勾薄芡，淋上鸡油即成。

制作关键

1. 条要切得均匀，不可过大。

2. 勾薄芡时火要大，淋入水淀粉后不宜过多搅拌。

制作者：赵军

鲍鱼炖老鸡

主料

鲜鲍鱼……………50 克

鸡块……………250 克

配料

干贝……………25 克

哈密瓜…………250 克

调料

葱段………………8 克

姜片………………6 克

味精………………3 克

料酒……………10 克

盐………………4 克

白糖………………4 克

清汤…………………适量

花生油………………适量

制作方法

1. 鸡块洗净，加入少许葱段、少许姜片、少许盐略腌片刻。哈密瓜切成菱形块。干贝发好。鲜鲍鱼洗净。

2. 将鸡块、干贝、鲍鱼放入开水锅中余透，沥干水备用。

3. 锅里放入花生油烧热，放入剩余的葱段、剩余的姜片煸炒出香味，再放入鸡块、鲍鱼、干贝和清汤烧开，加入剩余的盐以及料酒、白糖、味精调味，接着和哈密瓜块一起放入专用的炖盅里，放到火上用小火炖至熟烂即成。

制作关键

1. 鸡块、鲍鱼、干贝使用前一定要余一下。

2. 炖制时要先用大火烧开一会儿，再移至小火上煨熟。

制作者：陈钢

芙蓉鸡烙

主料
鸡胸肉…………100 克

配料
黄瓜………………10 克
火腿………………5 克
鸡蛋清……………4 个

调料
花生油……………50 克
盐…………………3 克
姜末………………4 克
料酒………………3 克
味精………………2 克
清汤………………适量
鸡油………………适量
水淀粉……………适量
淀粉………………适量

制作方法

1. 将鸡胸肉用清水泡白，再用刀砸成蓉状。黄瓜和火腿切成粒。

2. 将鸡蛋清打匀后加入鸡蓉，再加少许盐、少许料酒、少许姜末、少许味精、淀粉搅打均匀，制成芙蓉浆。

3. 炒锅内倒入花生油烧热，放入芙蓉浆过油制成片状，捞出，放入开水锅中余一下。

4. 倒回留有底油的锅里，加入剩余的盐、剩余的料酒、剩余的姜末、清汤、剩余的味精翻炒至成熟，用水淀粉勾薄芡，翻炒几下，再淋上鸡油即可出锅装盘，撒上火腿粒和黄瓜粒装饰即可。

制作者：母东

青笋烧鸡

主料

三黄鸡............500 克

配料

青笋............150 克

调料

豆瓣辣酱............10 克

葱段............8 克

姜片............5 克

草果............1 粒

盐............3 克

料酒............8 克

老抽............2 克

八角............2 个

鲜汤............适量

水淀粉............适量

花椒............适量

桂皮............适量

花生油............适量

制作关键

1. 鸡块不能切得过大。

2. 芡汁不宜过稠。

此菜是利用鲜鸡肉和青笋搭配，采用烹调技法中"烧"的方法制成的。

制作方法

1. 将三黄鸡斩成 3 厘米见方的块，加入少许葱片、少许姜段，倒入少许料酒，略腌片刻。

2. 将腌好的鸡块放入烧至四成热的油锅中炸一下，捞出沥净油。青笋去皮洗净，切成滚刀块，用开水焯至断生，放入清水中待用。

3. 锅内放入花生油烧至四成热，下入豆瓣辣酱炒香，然后倒入鸡块煸炒，加鲜汤烧开，撇去浮沫。加入剩余的料酒、盐、老抽、草果、花椒、桂皮、八角、剩余的葱段、剩余的姜片，用大火烧开，5 分钟后改用小火烧熟。

4. 加入青笋块烧至入味，拣去葱段、姜片、草果、桂皮、八角，用水淀粉勾薄芡后起锅装盘即可。

制作者：陈道开

鸡里蹦

主料

鸡脯肉 ············ 150 克

虾仁 ············· 150 克

配料

鸡蛋清 ············· 1 个

调料

料酒 ············· 6 克

盐 ··············· 3 克

味精 ············· 2 克

姜片 ············· 6 克

葱段 ············· 适量

蒜 ··············· 适量

清汤 ············· 适量

花生油 ··········· 适量

淀粉 ············· 适量

"鸡里蹦"是北京的一道传统菜，它是用鸡肉和虾肉做的一款白汁爆炒菜肴，颜色清丽，味道鲜美，做法简单易懂。先把鸡丁浆好，可用油滑，也可用水滑，然后和虾仁同炒即可。

制作方法

1. 鸡脯肉去掉筋膜，切成 1 厘米见方的丁洗净，加入鸡蛋清、少许盐、淀粉浆好。虾仁挑去虾线，洗净。蒜切成片。取一个碗，放入清汤、姜片、剩余的盐、味精、料酒、淀粉、蒜片、葱段调成碗芡备用。

2. 锅里放入花生油烧至二三成热时，放入浆好的鸡丁和虾仁滑透，倒入漏勺内控净油。

3. 再倒回留有底油的炒锅中，翻炒几下，然后倒入调好的碗芡，轻轻地翻炒几下，淋上花生油即可出锅装盘。

制作关键

1. 鸡丁和虾仁一定要浆好。

2. 过油时要掌握好油温。

3. 芡汁不宜过多。

制作者：陈道开

　　此菜是北京地区的传统菜。掐菜是掐去豆瓣和须根的绿豆芽。原料虽比较普通，但做起来难度较大，需掌握好火候才行。火小了掐菜有生豆腥味不好吃，火大了掐菜容易变软出汤。在切鸡丝时也要有一定的刀工功底，另外制作也要严格掌握火候，否则鸡肉老了容易嚼不动。火候掌握好了，烹制出的"鸡丝掐菜"口感软嫩鲜香，掐菜清脆，清淡利口。

鸡丝掐菜

主料

鸡脯肉·················150 克
绿豆芽·················400 克

配料

蛋清·····················1 个
红椒丝·················适量

调料

水淀粉·················25 克
葱丝·······················5 克
姜丝·······················5 克
姜汁·····················10 克
料酒·······················4 克
味精·······················2 克
盐···························1 克
熟鸡油·················10 克
熟猪油·················50 克

制作方法

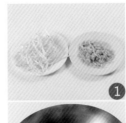

1. 鸡脯肉去掉脂皮和白筋，顺着肉的纹理切成细丝，加入蛋清、水淀粉拌匀浆好。掐去绿豆芽的两头，用水洗净。锅上火，倒入熟猪油烧至四成热，加入鸡丝，炒熟后捞出沥净油。

2. 锅中留底油烧至八成热，放入葱丝、姜丝煸炒出香味。

3. 炒葱丝和姜丝的同一时间将绿豆芽放入一口开水锅中焯一下，捞出沥净水，倒入油锅中，加入料酒、味精、盐、姜汁翻炒两下，放入鸡丝翻炒均匀，淋上熟鸡油出锅装盘，用红椒丝装饰即成。

制作关键

1. 鸡丝要切得均匀，长短一致。

2. 烫绿豆芽的水温在 80℃左右为好。不可烫太长时间。

制作者：何文清

143

　　成菜色泽红润明亮。鸡块鲜醇味美，酥烂细嫩；板栗香甜绵软，食之回味无穷。此菜主料板栗又名大栗、瑰栗、凤栗，主要品种有京东大板栗、山东大油栗及陕西镇安大板栗等。

制作关键

1. 选用的三黄鸡肉质要鲜嫩。

2. 烧制时，要一次加足清汤，用小火加热，煨至成熟，鸡块和板栗要达到软烂的程度。

3. 成菜时，可先将鸡、板栗摆入盘中，将原汁勾芡后淋入花椒油，浇在板栗鸡块上即成。

栗子烧鸡块

主料

三黄鸡·················· 1 只
板栗·················· 200 克

调料

葱段·················· 3 克
姜片·················· 2 克
八角·················· 2 个
白糖·················· 50 克
酱油·················· 15 克
盐·················· 5 克
料酒·················· 30 克
味精·················· 3 克
水淀粉·················· 15 克
清汤·················· 50 克
花椒油·················· 10 克
花生油·················· 750 克
小葱花·················· 适量
姜末·················· 适量
葱末·················· 适量

制作方法

1. 将三黄鸡去除内脏，清洗干净，剁成块。将板栗外壳切十字花刀，用水煮熟后剥去外壳，放入花生油锅中炸一下待用。

2. 鸡块用少许料酒、少许酱油以及葱段、姜片腌至入味。

3. 炒锅置火上，加入花生油烧至五成热，倒入腌好的鸡块稍炸，倒出沥油。

4. 炒锅留底油，放入葱末、姜末煸香，加入八角、剩余的酱油、剩余的料酒、盐、味精、白糖和清汤烧开，再放入炸好的板栗、鸡块小火煨至成熟。

5. 用水淀粉勾薄芡，淋入花椒油，起锅装盘，撒上小葱花即可。

制作者：谢延慧

八鲜鸭子

以数字为菜肴命名，寻常可见。而吉祥数字中，尤其以"八"最受欢迎，如八珍、八宝、八鲜、八味、八生等；而以八宝命名的菜肴和食品数量之多，不计其数，如八宝粥、八宝豆腐、八宝馒头、八宝百合、八宝莲子羹等。这些一般都是取八种材料制成，或者以八种配料制作而成的，制作过程讲究精细，味道非同一般。八宝鸭早在清朝就已经出现，为秋冬时令菜肴，现在大江南北多有烹制。根据做法和风味不同，分为 20 多种，其中尤以上海风味最为著名。根据资料记载，八宝鸭一菜曾经是上海苏帮菜馆的名菜，做法是将鸭骨架取出，在鸭身内装入配料蒸制。20 世纪 30 年代，上海城隍庙老饭店从苏帮菜馆大鸿运酒家买来八宝鸭进行研究、仿制，并改变了取出骨架的做法，用整鸭配栗子、火腿等八种配料上笼蒸熟。上海老饭店开业于 1875 年，由上海人张焕英创办，原名"荣顺馆"，1965 年从原址迁到福佑路老城隍庙西侧，并改称上海老饭店。它主要经营上海当地风味菜，曾接待过不少国家领导人和重要外宾。其制作的八宝鸭菜色红润，鸭肉酥烂，浓香四溢，深受广大顾客的喜爱。上海老饭店的八宝鸭原本使用的八种配料为火腿、鸡胗、冬笋、香菇、干贝、虾仁、莲子、青豆。而实际上，辅料的使用并无标准。不同风味的八宝鸭，使用的辅料也不同。地域和饮食习惯不同，厨师们使用的八宝鸭的配料多达百余种。总之，凑足了八样，就可以了。

宫廷御膳有八宝鸭羹、八宝锅烧鸭子热锅一品、卤煮八宝鸭一品、八仙鸭子等菜品，都是皇帝及皇后经常食用的珍馐。此菜也是宫廷"满汉全席"中的一道大菜。它是采用独特的整鸭脱骨法和填酿法，把八种鲜味原料酿入鸭子的腹腔中，然后烹制成熟。菜肴成熟后，色泽红润油亮，鸭子软烂，鲜香醇厚。

主料

鸭子 ························· 1 只

配料

猪肉 ···················· 250 克
熟火腿 ·················· 50 克
水发冬菇 ················ 50 克
干贝 ····················· 50 克
莲子 ····················· 50 克
鲜蘑 ····················· 50 克
干鲍鱼 ················· 100 克
虾仁 ····················· 50 克

调料

盐 ························· 5 克
葱油 ····················· 50 克
料酒 ····················· 50 克
葱段 ······················ 3 克
姜片 ····················· 10 克
清汤 ···················· 200 克
酱油 ····················· 30 克
水淀粉 ·················· 适量
八角 ····················· 适量

制作方法

制作关键

1. 鸭子脱骨时注意不要碰破皮，以免露馅。

2. 馅不要放得过多。

3. 炸鸭子时油温不可过低，时间不宜过长。

1. 鸭子采用脱骨的方法剔去内骨和内脏，用清水洗净。将猪肉、熟火腿、虾仁切成粒。鲜蘑一切两半。水发冬菇切成粒。干贝择净，发好。干鲍鱼发好，切成粒。莲子发好。将处理好的配料分别放入开水锅中焯一下。

2. 将焯好的配料放在锅里，加入少许酱油以及料酒、葱油，放在火上炒透。

3. 将炒好的配料（留少许待用）填入鸭腹内，然后把脖口缝好，放入沸水锅内（水要没过鸭子），烫三分钟后捞出。

4. 将鸭子擦干水，抹上少许酱油，放入油锅内炸至上色。

5. 把炸好的鸭子放入盛器内，加入清汤、剩余的酱油、盐、葱段、八角和姜片，放入蒸锅内蒸至软烂，取出鸭子，将鸭肚朝上，沥去汤水。把鸭子放在盘中，将沥去的汤水倒入锅内烧开，淋入水淀粉勾薄芡，浇在鸭身上，放上步骤3留用的配料即成。

制作者：刘永克

　　此菜是一道北京传统名菜，色泽红润油亮，口味咸中带甜，肉嫩酱香浓郁，堪称酱爆菜中的魁首。用的酱是用黄豆、面粉、盐制成的，颜色深黄，质地细腻，滋味咸香，用来炒菜、拌馅和做炸酱拌面，均适宜。

　　此菜非常注重火候，火大了酱容易煳，味道发苦，火小了酱又挂不到肉上。酱如果炒得恰到好处，食后盘内只有油无酱，这正是这一名菜的特色。

虎头鸭脯

主料

鸭脯肉·················· 150 克

配料

核桃仁·················· 50 克
鸡蛋清·················· 半个

调料

花生油·················· 50 克
黄酱·················· 25 克
水淀粉·················· 8 克
姜汁·················· 3 克
料酒·················· 7 克
味精·················· 2 克
白糖·················· 20 克
香油·················· 15 克
葱段·················· 适量
香菜·················· 适量

制作方法

1.将鸭脯肉去筋皮切成小丁。准备好核桃。

2.鸭肉丁里加入鸡蛋清和水淀粉上浆备用。

3.炒锅置火上，加入花生油，烧至三四成热，放入鸭肉丁滑散至六成熟时，放入核桃仁稍炸，捞出沥去油。锅中留底油烧热，放入葱段炒香，倒入黄酱炒干水，再加入白糖、料酒和姜汁调味，放入味精炒至黏稠，倒入鸭肉丁和核桃仁炒匀，淋入香油，撒上香菜即成。

制作关键

1. 鸭肉丁要切得大小一致。

2. 过油时油温应控制在三四成热，时间不宜过长。

3. 炒黄酱时要严格掌握好火候，黄酱的水分基本炒干后，再放入鸭肉丁翻炒均匀，让黄酱裹在鸭肉丁上，再出锅装盘。

制作者：谢延慧

　　"柴把鸭子"是谭家菜中的一道佳肴。之所以叫柴把鸭子，是因为菜品是用海带将鸭肉条、香菇条、冬笋条、火腿条一捆一捆扎起来的，形如柴把。成菜油明芡亮，吃起来一口一捆，清爽鲜美。

柴把鸭子

主料

鸭脯肉 ················ 400 克

配料

冬笋 ·················· 100 克

水发香菇 ············ 100 克

熟火腿 ·············· 100 克

青椒 ·················· 50 克

红椒 ·················· 50 克

调料

香菜梗 ··············· 6 根

盐 ····················· 4 克

白糖 ·················· 3 克

绍兴酒 ··············· 5 克

鸡汤 ·················· 100 克

水淀粉 ··············· 50 克

味精 ·················· 3 克

葱段 ·················· 20 克

姜片 ·················· 15 克

清汤 ··············· 适量

鸡油 ··············· 适量

制作关键

1. 主料和配料要切得大小一致。

2. 要掌握好蒸制时间。

3. 芡汁不宜过稠。

制作方法

1. 将鸭脯肉煮熟，切成 1 厘米宽的小条。冬笋、水发香菇、青椒、红椒、熟火腿切成与鸭条一样粗细的条。

2. 取一根香菜梗，横放在砧板上，放上鸭肉条（皮朝下）、香菇条、冬笋条、火腿条、青椒条、红椒条，用香菜梗捆成柴把状。

3. 依此做法把剩余的"柴把"做好。

4. 把捆好的柴把鸭鸭皮朝下码入一个圆盘内，加入鸡汤、鸡油、盐、白糖、葱段、姜片、绍兴酒、清汤上屉蒸 20 分钟取出。将盘内的汤滗入炒锅内，待汤烧开，调入味精，再用水淀粉勾成稀米汤状，浇在盘内的柴把鸭上即成。

制作者：杨星儒

　　"花棍里脊"为宫廷风味名肴之一，此菜主料选用鲜猪里脊肉。脊肉细嫩，实为肉之精华。此菜刀工巧妙，技艺精湛，不是一般刀技能做成的，必有七切之功，否则难以达到极致。里脊肉经刀工切制、烹制后，脊肉形如花朵一般，外围虾蓉如同弯弯的明月，富有诗情画意。菜品上桌之后形如月下菊花开，色泽艳丽悦目，入口鲜嫩滑润、清爽利口，滋味咸鲜微辣。真乃美形，美色，美味也！

花棍里脊

主料

鲜猪里脊肉 ········ 250 克
鲜芦笋 ············· 100 克

配料

蛋清 ·················· 2 个

调料

红油 ·················· 10 克
葱丝 ··················· 5 克
姜丝 ··················· 5 克
料酒 ··················· 4 克
盐 ····················· 3 克
白糖 ··················· 5 克
味精 ··················· 2 克
清汤 ··················· 适量
枸杞 ··················· 适量
花生油 ················· 适量
淀粉 ··················· 适量

制作方法

1. 将猪里脊肉洗净，切成长 4 厘米、宽 3 厘米、厚 0.3 厘米的薄片，加少许盐、少许料酒略腌一会儿。将枸杞洗净。
2. 鲜芦笋切成段，用开水略烫一下，用腌好的肉片卷起来，制成花棍生坯。
3. 将少许盐以及蛋清、淀粉搅匀，给花棍坯上浆。
4. 炒锅置于火上，加花生油烧至三四成热，将花棍生坯放入锅中，用筷子轻轻拨散滑透，连油一起倒入漏勺中。炒锅内留少许底油，放入葱丝、姜丝翻炒几下，再倒入滑好的花棍，加入清汤、剩余的盐、味精、剩余的料酒、白糖，翻炒均匀，淋入红油，出锅装入圆盘中，撒上枸杞即成。

制作关键

1. 肉片不宜切得过厚，并且要卷得紧一些。
2. 过油时油温不宜过低。
3. 芦笋要挑略细一些的。

制作者：于海祥

抓炒里脊

此菜是仿膳的菜品。传说中的"抓炒里脊"只不过是当年慈禧太后的下人信口胡诌的菜肴，后来竟成为名菜。说来还有一段有趣的故事呢。

慈禧太后喜爱游山玩水，最喜欢看香山红叶。有一次慈禧去香山，问及看山者是谁，有人就把王玉山之父引来相见。慈禧念其祖辈看山有功，当下封他"香山山王"，并准其子王玉山进宫当个听差的厨师。

王玉山有幸进宫，听差自然尽心尽力。也该他时来运转，有一天，慈禧太后用膳，厨房照例做了许多玉馔珍馐。一道一道呈上之后，却不合老佛爷的胃口，筷子愣是一动也没动。上菜的下人回到厨房，将此情形一讲，可吓坏了厨师们。大家正没主意时，王玉山从里面走出来，他自称有办法使老佛爷高兴，于是便拿出他的看家本领，做了一道"糖酥里脊"。

不多时菜就做好了。上菜的下人将王玉山做的"糖酥里脊"端上去时，果然受到慈禧太后垂青。她从没见过这样的菜，拿起象牙筷子，夹起一块又一块，不停地送进嘴里，感到非常爽口，真是妙不可言。忙问上菜的下人菜名是什么，上菜的下人本来也不知其名，心中又发慌，忽然灵机一动，就根据之前看的王玉山做菜时乱抓的手势，脱口答了一句："禀老佛爷，这菜乃是'香山山王'之子王玉山所烹，名曰'抓炒里脊'。"老佛爷吃得高兴，立即传出口谕，封王玉山为"抓炒王"。口谕传下来，非同小可，王玉山做梦也没想到因上菜的下人的胡诌而得官，"抓炒里脊"从此名扬天下。

王玉山自从被封为"抓炒王"后，出于对老佛爷的感激，凡事自然更加尽心尽力。他后来相继推出了"抓炒鱼片""抓炒腰花""抓炒大虾"，它们和"抓炒里脊"一起被称为"四大抓炒"，也成了北京风味名菜中的代表作品。

"抓炒王"的美名也一直在民间流传着。

主料

猪通脊肉··········· 200 克
鸡蛋················· 2 个

调料

醋················· 15 克
白糖··············· 25 克
料酒··············· 10 克
姜汁··············· 6 克
盐················· 3 克
水淀粉············· 100 克
花生油············· 适量
番茄酱············· 适量

制作方法

1. 猪通脊肉切成厚片，倒入少许料酒、少许盐拌匀入味。鸡蛋里加入少许盐、水淀粉调匀成全蛋糊。将剩余的水淀粉、白糖、醋、剩余的盐、剩余的料酒、姜汁加入碗里，调成芡汁。

2. 将肉片裹上全蛋糊，备用。炒锅上火烧热，倒入花生油，待油烧至四成热时，把裹好全蛋糊的肉片放到锅里，边炸边用筷子拨开，防止黏结，待其表皮微黄时捞出，等油温升高后下入肉片复炸，待肉片呈金黄色时捞出控净油，备用。

3. 炒锅里倒入花生油烧热，倒入芡汁，搅动至淀粉糊化，汁液黏稠时加入番茄酱搅匀，再倒入炸好的肉片翻炒均匀。

4. 烹入醋，淋花生油出锅装盘即可。

制作关键

1. 肉片不宜切得过薄。
2. 全蛋糊的浓度要合适。
3. 芡汁不宜过多。

制作者：李岩

红梅珠香

主料

鹌鹑蛋⋯⋯⋯⋯⋯ 8 个
猪通脊肉⋯⋯⋯150 克

配料

蛋清⋯⋯⋯⋯⋯25 克

调料

鸡油⋯⋯⋯⋯⋯15 克
番茄酱⋯⋯⋯⋯⋯60 克
白糖⋯⋯⋯⋯⋯30 克
盐⋯⋯⋯⋯⋯⋯ 3 克
葱末⋯⋯⋯⋯⋯10 克
姜末⋯⋯⋯⋯⋯10 克
绍酒⋯⋯⋯⋯⋯适 量
味精⋯⋯⋯⋯⋯适 量
清汤⋯⋯⋯⋯⋯适 量
花生油⋯⋯⋯⋯适 量
水淀粉⋯⋯⋯⋯适 量
香菜⋯⋯⋯⋯⋯适 量
淀粉⋯⋯⋯⋯⋯适 量

制作关键

1. 猪肉片不宜切得
   过薄。
2. 炸制前肉片一定要
   浆好。

此菜出自御膳房，后传入民间。特点：色泽鲜明，式样美观，味道鲜美。

制作方法

1. 将鹌鹑蛋煮熟，冲凉，去壳，一切两半。
2. 猪通脊肉切成略厚的片，加入少许盐及蛋清、淀粉调匀上浆。
3. 炒锅里放入花生油，烧至二三成热时，放入浆好的肉片滑透，控净油。
4. 在炒锅中加入番茄酱、白糖、葱末、姜末、剩余的盐、绍酒、味精、清汤，用水淀粉勾薄芡，放入炸好的肉片翻炒，淋入鸡油，盛入大盘中间。将鹌鹑蛋和香菜摆在肉片周围即成。

制作者：于海祥

过油肉

主料

猪通脊肉·········200 克

配料

海参·············100 克
鸡蛋·············半个

调料

料酒·············6 克
葱段·············3 克
味精·············2 克
酱油·············4 克
高汤·············适量
姜汁·············适量
水淀粉···········适量
花生油···········适量
淀粉·············适量

据传此菜起源于明代，原是宫廷菜中的一道名菜，后来传到太原一带的民间，再逐渐传播到山西外的其他地区，久而久之"过油肉"成为名菜。在北京、江苏、上海和浙江等地区都有"过油肉"，并且都具有浓厚的地方特色。

制作方法

1. 猪通脊肉切成柳叶片，加入少许酱油及鸡蛋、淀粉调匀上浆。

2. 海参切成条，放入开水锅中氽一下。取一个碗，放入剩余的酱油及高汤、料酒、姜汁、味精、水淀粉调成芡汁。

3. 炒锅上火，放入花生油烧至二三成热，放入肉片滑至七八成熟时捞出，控净油。

4. 锅留底油，放入葱段爆香，再把滑好的肉片和海参一同放入锅中翻炒几下，倒入芡汁，用大火急速翻炒，待肉片和海参完全成熟后，淋入花生油，装入盛器中即可。

制作关键

1. 猪通脊肉要切得均匀一致，炸制前一定要浆好。

2. 过油时，油温不宜过高。

制作者：柳建民

157

此菜是一道创新菜，曾获过全国烹饪大赛金奖。它是在传统菜"万福肉"的基础上利用模具烹制而成的，菜肴成形后形似一座小塔立在盘中，再淋上红色芡汁，色泽明亮，肉质香醇。

金塔肉

主料

猪五花肉 ············· 500 克

配料

香菇 ················· 25 克
杏鲍菇 ··············· 50 克
鲜蘑 ················· 25 克
茶树菇 ··············· 25 克
干贝 ················· 25 克
油菜心 ··············· 50 克
西蓝花 ··············· 25 克
水发木耳 ············· 25 克

调料

味精 ··················· 2 克
老抽 ·················· 15 克
料酒 ·················· 10 克
糖色 ·················· 15 克
南乳汁 ················ 15 克
上汤 ················· 400 克
水淀粉 ················ 适量
盐 ···················· 适量
花生油 ················ 适量

制作方法

1.香菇、杏鲍菇、鲜蘑、干贝、水发木耳、西蓝花分别切成小粒。
油菜心洗净，焯熟待用。

2.将猪五花肉修成方形，放入锅里，加入盐、味精、南乳汁、
料酒、老抽、糖色、上汤卤至五六成熟时捞出。卤好的肉
放入烧至七成热的油锅中，炸至呈枣红色，捞出放入平盘
中压平，放凉备用。

3.将压好的肉切上回字刀口，呈一层层均匀的薄片且每刀相
连的状态，中心部位处一直保持见棱见角。

4.炒锅内倒入花生油烧热，放入香菇粒、杏鲍菇粒、鲜蘑粒、
干贝粒、木耳粒、西蓝花粒翻炒成馅料。

5.将切好的肉均匀地摆入特定的模具中，填入炒好的馅料，
用保鲜膜封好口，上锅蒸 1.5 小时左右，取出扣入盘中，围
上油菜心，再倒出汤汁，用水淀粉勾薄芡，浇在塔肉上即成。

制作者：王高奇

　　传说此菜原名叫"滑肉"，在唐玄宗开元年间，原是湖北应山县（现广水市）内一位姓詹的厨师的拿手菜，后他被皇宫召进御膳房专办御膳。唐玄宗非常喜欢吃此菜。安禄山攻陷洛阳的时候，唐玄宗受惊患病，不思饮食。敌人买通内奸李林甫劝帝忌盐，专用糖味进膳。詹厨师认为过多吃糖，不利病体，仍然坚持以盐烹制菜肴。玄宗大怒，在八月十三日（詹厨生日）这天把詹厨处死。詹厨临刑时曾说："不出百日，帝需食盐。"果然不出所料玄宗由于忌盐，不但病不见好转，反而身体虚弱无力，毛发红黄。后经御医进谏，改为食盐，玄宗身体逐渐康复。

　　一天玄宗想吃"滑肉"时，想起了詹厨，不觉喟叹曰："有詹无詹，八月十三。"遂追封詹厨为詹王。当地人民为了纪念这一烹饪高手，于每年八月十三日举行祭祀，并把"滑肉"改名为"应山滑肉"，流传至北京地区。

应山滑肉

主料

猪五花肉 ………… 250 克

配料

鸡蛋 ……………… 2 个

调料

酱油 ……………… 5 克
料酒 ……………… 10 克
葱段 ……………… 15 克
姜片 ……………… 10 克
盐 ………………… 2 克
白糖 ……………… 2 克
味精 ……………… 2 克
八角 ……………… 适量
高汤 ……………… 适量
水淀粉 …………… 适量
花生油 …………… 适量
淀粉 ……………… 适量
香菜叶 …………… 适量

制作方法

1. 猪五花肉去皮，切成厚片，用清水浸泡 10 分钟，取出沥干水。

2. 鸡蛋磕入碗内，加入少许盐、少许料酒、淀粉调匀成糊状。

3. 炒锅里放入花生油，烧至三四成热时，把肉片裹上糊放入锅里，炸成金黄色时捞出，控净油，放入碗里。

4. 碗里加入酱油、剩余的料酒、剩余的盐、味精、葱段、八角、姜片、味精、高汤，放入蒸锅内蒸至熟透软烂时取出，沥去汤水，扣入盛器中。炒锅里放入蒸肉的原汤烧开，放入白糖，淋入水淀粉勾薄芡，再淋上花生油，用香菜叶点缀即成。

制作关键

1. 猪五花肉选下五花肉。

2. 炸制时油温不宜过低，以免脱浆。

3. 蒸制时要用大火，将肉蒸透、蒸烂。

制作者：王俊峰

元宝肉

据说，此菜始创于清代，是湖北人朱才哲出任中国台湾宜兰县的县官时，他的家厨烹制的一道佳肴。

朱才哲正直廉洁，为宜兰办了不少好事。他在台湾供职32个年头，直到72岁时才卸任离台返归故乡湖北监利。人们为了缅怀他的政绩，捐修了"朱公庙"。可是封建时代的官府腐败成风，就在朱才哲离台之时，却有人欲中伤陷害于他。新上任的官员听说了民间对朱大人的赞誉，十分疑惑。他认为朱才哲也只不过是做表面功夫，骨子里绝不可能是什么"清官"。

这一天，正是朱大人全家登船返乡时，新任官员也来送行，见船上整整齐齐地放着数十个箱子，怀疑是金银财宝便要开箱检查。朱大人气得火上心头对新官员厉声说道："如果不是金银，你如何对我？"新官员沉下脸，说："如若不是金银，我愿开一箱赔两箱之宝。"随后叫人打开箱子一看，发现里面装的全是鹅卵石。新官员立刻堆上笑脸，向朱才哲赔罪道："朱大人果然两袖清风，在下心服口服了。"过后那位大人又问船载鹅卵石为何意。朱才哲说："大海行船有风浪，会使船不稳。今以石入船舱使船稳行。带些鹅卵石回去他日也可赠予弟子，权作读写文章的镇纸之用。"那位大人听了连声称赞并又提起赔元宝之事。朱才哲说道："那权作玩笑吧，还是我请你吃元宝吧！"说完吩咐家人开宴，叫家厨献上府中的名菜"元宝肉"让那位大人品尝。那位大人品尝后连声夸好，并叫手下记下了原料和做法带回自己的府中叫家厨烹制。

从这时起"元宝肉"这道佳肴先在官府中流传，后又流传到北京的酒楼、饭馆。其实此菜就是将普通的鸡蛋和猪肉合在一起烹制的。成品入口滑润烂糯，油而不腻，带有独特的干菜香味。

主料

带皮猪五花肉 …… 500 克

配料

鸡蛋	12 个
油菜	适量

调料

酱油	15 克
白糖	5 克
葱段	30 克
料酒	10 克
盐	2 克
八角	适量
桂皮	适量
水淀粉	适量
清汤	适量
姜片	适量
味精	适量
花生油	适量

制作方法

制作关键

1. 鸡蛋炸好后最好扎些眼，以便入味。

2. 烧肉时先用大火，后用小火。

3. 勾薄芡时水淀粉不宜过多。

1. 鸡蛋煮熟去皮。将猪五花肉切成3厘米见方的小方块，放入开水锅中余一下，捞出控净水。油菜洗净，焯熟。

2. 炒锅里放入花生油，烧至五六成热时，把熟鸡蛋放入油锅中炸成虎皮色，捞出控净油。

3. 炒锅里留底油烧热，放入葱段、姜片、八角、桂皮稍炒一会儿。

4. 放入猪肉块煸炒10分钟，加入酱油、料酒、白糖、盐、清汤，用大火烧开，撇去浮沫，烧20分钟后放入炸好的鸡蛋，用小火把肉煨熟，再放入味精，用水淀粉勾薄芡，出锅装盘，将油菜围在四周即成。

制作者：丹东

　　北京宫廷传统名菜。相传，康熙年间礼部尚书陈元龙是浙江省海宁人，深为康熙皇帝赏识。康熙皇帝南巡时，曾经下榻在他的家里。陈元龙便让其家厨陈东官为康熙烹制樱桃肉。菜品色泽红亮，外酥里嫩，酸甜适口，深得康熙皇帝的赞赏。陈元龙见状便把厨师介绍给康熙，随皇帝入宫烹制此菜，因此樱桃肉成为传统宫廷佳肴。这道菜也是慈禧太后晚年喜好的一道菜肴，并取代了"炸响铃"受宠的位置。它的制法是先把猪肉切成棋子般的块，加上调味品，和新鲜的樱桃一起装在一个白瓷罐里，加些清水放在文火上慢慢地煨5～6小时，肉酥了，樱桃的香味也就煮出来了。尤其是汤，更是美味。后来樱桃肉传到民间，做法与用料均有发展和改进，一直流传至今。

樱桃肉

主料

猪五花肉 ············ 200 克
红樱桃 ············· 50 克

配料

绿叶菜 ············· 适量

调料

料酒 ··············· 35 克
盐 ················ 4 克
冰糖 ·············· 60 克
红曲米汁 ··········· 15 克
葱段 ·············· 25 克
姜片 ·············· 25 克
鲜汤 ·············· 适量

制作方法

1. 猪五花肉清洗干净，切成块，放入开水锅中氽一下，取出。红樱桃清洗干净。

2. 炒锅里加入鲜汤、葱段、姜片、料酒、盐、红曲米汁、30克冰糖和氽好的肉块，先用大火烧开，盖上盖，再用小火焖至酥烂。

3. 拣去葱段、姜片，再加入剩下的冰糖，放入红樱桃，用中火收浓汁，装入盘中，撒上绿叶菜装饰即可。

制作关键

1. 猪肉要选五花肉，肉块不可切得过大。

2. 要用小火慢慢焖制，煨出浓汁后再装入盘中。

制作者：母东

相传此菜出于清乾隆年间。乾隆皇帝酷爱狩猎，每年都要到河北承德木兰围场游玩，狩猎数日。一天乾隆皇帝正在木兰围场追赶猎物，忽觉腹中饥饿，抬头一看已是中午，于是传旨用膳，并指名要吃此处的山乡野菜。厨师想来想去，便在众多的山乡野菜中选出蕨菜为原料，与肉丝同炒，献给皇上品尝。乾隆皇帝尝后非常满意，赞扬此菜清鲜芳香，便问身旁的太监："此为何菜？"太监急忙回答说："俗名蕨菜。"乾隆皇帝听后，认为"蕨菜"一名不雅。便命人找来蕨菜，仔细端详，突然哈哈大笑："此乃如意也！"从此，"肉丝炒蕨菜"一菜便被冠以"肉丝炒如意菜"的名字，一直流传至今。

肉丝炒如意菜

主料

猪里脊肉 ·············· 200 克
蕨菜 ················· 250 克

配料

蛋清 ················· 1 个
红椒丝 ················· 适量

调料

姜片 ················· 8 克
葱段 ················· 10 克
料酒 ················· 12 克
盐 ················· 3 克
白糖 ················· 1 克
醋 ················· 适量
花生油 ················· 适量
淀粉 ················· 适量

制作方法

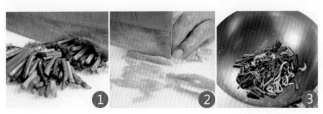

1. 蕨菜去掉老根，洗净，切成段。

2. 猪里脊肉切成丝，放在碗里，加入少许盐以及蛋清、淀粉调匀上浆。炒锅里放入花生油烧至二三成热，放入浆好的肉丝滑透捞出，控净油。

3. 炒锅里留底油烧热，放入葱段、姜片煸香，然后放入蕨菜段煸炒，再放入滑好的肉丝，加入剩余的盐以及料酒、白糖、醋翻炒均匀，淋上花生油出锅装盘，撒上红椒丝即成。

制作关键

1. 肉丝要切得均匀，上浆要均匀。

2. 油温要合适。

3. 炒蕨菜和肉丝时火要大一些。

制作者：段建部

　　这是北京老字号饭庄柳泉居的一道传统菜，是婚宴必备的一道佳肴。相传，有位贫寒书生张九龄中了头榜，皇帝见他才貌双全，就把女儿许配给他。大婚之日，九龄父母赶到，全家团圆，喜上加喜。厨师灵机一动，特地做了四个色泽金黄油亮、质地软嫩的丸子，并祝贺说："一贺金榜题名，二贺大喜完婚，三贺攀龙快婿，四贺全家团圆，此为四圆。"九龄听后笑道："四喜岂不更吉祥，就叫四喜丸子吧。"从此这道菜就在官府里流传开，并流传至北京地区。每逢喜庆盛宴，大家都把此菜作为首选吉祥菜。

制作关键

1. 猪肉馅一定要调好。

2. 炸丸子的时间不宜过长，二三成熟即可。

3. 芡汁不宜过多。

四喜丸子

主料

猪五花肉 ············ 500 克

配料

马蹄 ······················ 50 克
鸡蛋 ······················ 1 个
西蓝花 ·················· 适量

调料

酱油 ······················ 4 克
葱姜水 ·················· 30 克
味精 ······················ 2 克
盐 ························ 2 克
料酒 ······················ 8 克
葱段 ······················ 10 克
姜片 ······················ 5 克
八角 ······················ 适量
清汤 ······················ 适量
水淀粉 ·················· 适量
色拉油 ·················· 适量

制作方法

1. 猪五花肉切成细粒。马蹄用刀拍碎。西蓝花放入开水锅中焯一下。

2. 将五花肉粒与马蹄碎、鸡蛋、葱姜水、少许料酒、少许盐、少许味精、水淀粉混合在一起，边搅拌边加入水，搅拌均匀。

3. 锅内放入色拉油，烧至三四成热时，把肉粒混合物分成四份，用手团成扁圆形的丸子，放入油锅中炸成金黄色，捞出控油。

4. 锅里留底油烧热，放入葱段、姜片、八角煸香，加入酱油、剩余的料酒、清汤、剩余的盐、剩余的味精和炸好的丸子，撇去浮沫，把丸子炖熟捞出，放入盘里。锅里放入炖丸子的原汤烧开，淋入水淀粉勾成芡汁，再淋在盘中的丸子上，用西蓝花点缀即成。

制作者：黄福荣

蟹粉狮子头

主料

猪五花肉·········250 克
蟹黄·················50 克

配料

马蹄·················50 克
油菜·················1 棵
杏鲍菇···············1 个

调料

葱·················10 克
姜·················10 克
盐···················3 克
料酒·················8 克
味精·················3 克
胡椒粉···············3 克
清汤················适量
水淀粉··············适量

制作方法

1. 将马蹄拍碎。
2. 猪五花肉切成小丁，放入盘中。葱、姜切成末。油菜和杏鲍菇放入开水锅中焯熟。
3. 把肉丁和马蹄碎、葱末、姜末、料酒、胡椒粉、盐、味精、水淀粉一起搅打均匀。放入大部分蟹黄，裹上水淀粉，用手把肉团成大小一致的丸子。
4. 将丸子放入清汤中炖熟后捞出，放入汤盆里，再倒入炖丸子的原汤，放入油菜和杏鲍菇，将剩余的蟹黄制熟放在丸子中间即成。

制作者：尤卫东

山药狮子头

主料

山药················150 克
五花肉············100 克

配料

马蹄················25 克
油菜················适量

调料

盐····················3 克
味精················2 克
胡椒粉············适量
清汤················适量
枸杞················适量
葱姜水············适量

制作方法

1. 将山药去皮，洗净，上笼蒸熟。马蹄拍碎。油菜放入开水锅中焯一下。

2. 五花肉切成粒，加入葱姜水、马蹄碎、味精、盐、胡椒粉，调匀。

3. 把蒸好的山药搓成蓉。将山药蓉均匀地包裹在肉粒混合物上，挤成丸子形放入烧开的清汤锅中，用小火炖至熟透。

4. 丸子熟透后加入油菜，稍炖一会儿盛入碗中，将枸杞放入丸子上即可。

制作关键

1. 调馅时要搅打均匀。包馅时要包紧，不可露馅。

2. 氽丸子时汤一定要烧开。

制作者：柳建民

　　此菜为北京菜中的一道创新菜。它是在淮扬菜"灌汤狮子头"的做法上，采用"灌汤虾丸"的包裹法和"蟹粉狮子头"的炖制法制出的一道创新菜。在配料上采用了素料，符合了当今平衡膳食营养的要求，受到食客的好评，并获得"创新菜大奖"。此菜制成后汤鲜味浓，丸子淡而不腻，菜心清香。

制作关键

1. 汆丸子的时间不宜过长。
2. 炖制时要用好汤，火候不宜过大。

笋菇狮子头

主料

五花肉 ················· 250 克

配料

草菇 ··················· 50 克
冬笋 ··················· 25 克
马蹄 ··················· 25 克
油菜 ·················· 100 克
鸡蛋 ····················· 2 个
蛋清 ··················· 适量

调料

葱姜水 ················· 30 克
味精 ····················· 2 克
盐 ······················· 2 克
料酒 ····················· 8 克
葱段 ···················· 10 克
姜片 ····················· 5 克
姜末 ··················· 适量
八角 ··················· 适量
清汤 ··················· 适量
花生油 ················· 适量
香菜叶 ················· 适量
枸杞 ··················· 适量

制作方法

1. 五花肉切成小粒。将草菇、马蹄、油菜、冬笋切成小粒。

2. 将几种蔬菜粒放入开水锅中焯一下。

3. 焯好的几种蔬菜粒放入炒锅里，加入鸡蛋、少许葱姜水、少许料酒、少许盐、少许味精调味，炒熟制成馅。

4. 五花肉粒中加入少许料酒、剩余的葱姜水、姜末、少许味精和蛋清调匀，边搅拌边加入水，搅拌均匀后放入少许盐，调匀。

5. 锅里倒入清汤，煮至三四成热时，把五花肉粒用手团成圆形，再把炒好的素馅放在中间，团成丸子，放入锅中煮熟。

6. 炒锅里放入花生油烧热，放入葱段、姜片、八角煸炒，然后加入清汤、剩余的料酒、剩余的盐、剩余的味精和余好的丸子，撇去浮沫，再倒入煮丸子的原汤，盛入砂锅中，放上香菜叶，撒上枸杞即成。

制作者：南书旺

海味灌汤绣球

主料

大虾·················· 5 只

水发干贝丝·······50 克

配料

蛋清·················· 2 个

肥膘·················30 克

海鲜皮冻糕······· 适量

绿叶菜·············· 适量

调料

盐·················· 3 克

广东米酒·········· 8 克

水淀粉·············· 适量

葱姜水·············· 适量

上汤·················· 适量

淀粉·················· 适量

制作关键

1. 海鲜皮冻糕要提前准备好。

2. 包馅时，大小要均匀。

制作方法

1. 将大虾取虾仁，去除虾线，清洗干净，切成粒。海鲜皮冻糕切成小球，放入冰块，倒入水冰镇 25 分钟，取出沥干水。肥膘切成粒，放入干净的盆内，加入葱姜水、广东米酒、盐、虾粒，搅拌均匀后放入蛋清、淀粉调成馅。

2. 把调好的馅包入海鲜皮冻糕内，制成灌汤球。

3. 水发干贝丝用上汤蒸至回软成熟，摁干水，均匀地裹在灌汤球上，放回箅子上蒸制 10 分钟，取出装入盛器内。

4. 淋上用水淀粉勾的芡汁，用绿叶菜装饰即成。

制作者：郭文亮

174

炸佛手卷

此菜采用"炸"的技法制作而成，是一道出自宫廷御膳房的炸菜，因菜肴成熟后形似佛手而得名。它选用鲜猪肉为原料，用鸡蛋和淀粉制成蛋皮，经过精细加工炸制而成。

制作方法

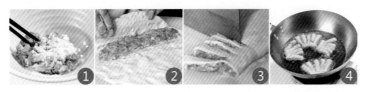

1. 猪肘肉末里加入味精、盐、料酒、香油、葱末、姜末、淀粉搅拌均匀，制成馅。锅里倒入花生油烧热，将鸡蛋磕入碗中，加入淀粉调匀，制成鸡蛋糊，倒入锅中摊成蛋皮。

2. 面粉加入水调成面粉糊，抹在蛋皮上，再抹上肉馅。

3. 将抹有肉馅的蛋皮卷成长条并压扁，每隔 6 ～ 7 毫米切一刀，连切四刀（不要切断），在第五刀时切断，制成佛手生坯。

4. 锅里放入花生油烧至四成热时，放入佛手生坯炸成金黄色，捞出控油，整齐地摆入盘里。食用时蘸花椒盐即可。

主料

猪肘肉末·········200 克

配料

鸡蛋·················· 2 个
面粉·················50 克

调料

料酒·················· 5 克
香油·················· 3 克
味精·················· 3 克
盐···················· 2 克
淀粉、花椒盐、花生油、葱末、姜末·············
··················各适量

制作关键

1. 调制肉馅味道不宜过重。

2. 摊制的蛋皮不要太厚，要厚薄均匀。

3. 炸制时要掌握好火候。

制作者：段建部

175

此菜是在猪肚的基础上，加上了猪肉和猪肝共同烹炒，故而得名。

制作关键

1. 要选用新鲜的猪肉、猪肝、猪肚。

2. 切片时，三种片的大小和厚度要基本一致。

3. 芡汁不宜太浓，否则吃时不爽口。

4. 成菜后要求芡汁熟透发亮，吃后盘内不见汤汁。

爆三样

主料

猪肉	100 克
猪肝	100 克
熟猪肚	100 克

配料

冬笋	25 克

调料

蒜末	15 克
酱油	10 克
盐	4 克
料酒	15 克
陈醋	15 克
味精	5 克
熟鸡油	30 克
清汤	50 克
姜汁	适量
葱碎	适量
姜片	适量
淀粉	适量

制作方法

1. 将猪肝、猪肉、熟猪肚切成片。冬笋切成略小的片,放入开水锅中焯一下。碗里放入清汤、酱油、料酒、姜汁、味精、盐、陈醋、蒜末、淀粉搅匀成芡汁。

2. 炒锅里加入熟鸡油,烧至四五成热时,放入猪肝片、猪肉片、熟猪肚片过一下油,迅速倒回漏勺中,控净油。

3. 锅留底油烧热,放入姜片爆香,再放入猪肝片、猪肉片、熟猪肚片、冬笋片翻炒,倒入芡汁,用大火急速翻炒几下出锅装盘,撒上葱碎即成。

制作者:李传刚

　　猪肚又称肚头，古已食用。而肚仁又是猪肚上肉质最厚、质地最嫩、味道最好的部位。成菜后，肚仁脆嫩，咸鲜味浓。

油爆肚仁

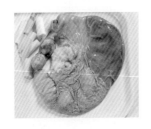

主料

猪肚仁·····················1 个

调料

料酒·····················6 克
盐·······················3 克
味精·····················4 克
姜片·····················6 克
葱花·····················6 克
胡椒粉···················适量
醋·······················适量
花生油···················适量
水淀粉···················适量

制作方法

1. 将猪肚仁用刀片去外皮、丝状筋膜。
2. 先在猪肚仁软的一面切上双十字花刀。
3. 再切成长 4 厘米、宽 2 厘米的长方块，用水洗净。
4. 炒锅内放入花生油，烧至三四成热时，放入切好的猪肚仁过油，迅速倒回漏勺中，控净油。
5. 再放回留有底油的炒锅里，加入料酒、盐、味精、姜片、胡椒粉、葱花调好味，淋入水淀粉勾薄芡，烹入醋，装入盘中即成。

制作关键

1. 猪肚仁要处理好，筋膜要去干净，刀口要均匀，深度要适中。
2. 掌握好炒肚仁的火候，炒时动作要快。

制作者：南书旺

179

　　此菜是宴会上的一道汤菜。肚仁脆嫩，汤鲜味浓。著名京剧艺术大师梅兰芳先生把它当成夜宵，十分喜欢它。

汤爆肚仁

主料

猪肚仁·····················1 个

配料

水发银耳··············15 克

调料

料酒·····················6 克

盐······················3 克

味精·····················4 克

姜汁·····················6 克

枸杞·····················5 克

醋·······················适量

清汤·····················适量

花生油···················适量

水淀粉···················适量

胡椒粉···················适量

香菜叶···················适量

制作方法

1. 将猪肚仁用刀片去外皮、丝状筋膜。

2. 先在猪肚仁软的一面切上双十字花刀，再切成长 4 厘米、宽 2 厘米的长方块，用水洗净。

3. 炒锅内放入花生油烧至三四成热，放入切好的猪肚仁过油，迅速倒回漏勺中，控净油。

4. 再加入发好的银耳、清汤、料酒、盐、味精、姜汁、胡椒粉，烧开后撇去浮沫，淋入水淀粉勾薄芡，烹入醋，装入盛器中，用枸杞和香菜叶点缀即成。

制作者：黄晓荣

　　此菜是一道老北京传统菜肴。它是将煮熟的猪肚切成细丝，氽水后加入香菜（即芫荽）和其他调味品，旺火爆炒而成的。成菜白绿相间，清鲜爽口，咸香浓郁。

芫爆肚丝

主料

猪肚····················· 500 克

调料

香菜梗···················· 50 克
花生油···················· 50 克
盐·························· 3 克
料酒······················ 15 克
姜汁······················· 5 克
味精······················· 4 克
葱段······················ 25 克
姜片······················ 15 克
蒜························· 10 克
香油······················· 5 克
醋······················· 适量
胡椒粉···················· 适量
碱······················· 适量
葱丝····················· 适量

制作方法

1. 将猪肚放在盆中，放入碱和醋，用手搓洗，撇去白油及杂质，用清水冲洗干净，再放到开水锅中氽一下。另取锅，倒入凉水，加入葱段、少许料酒、姜片和猪肚一同烧开，转至小火把猪肚煮熟，捞出，切成 5～6 厘米长的细丝。

2. 香菜梗切成小段。蒜切成片。

3. 炒锅放入花生油烧热后，放入葱丝、蒜片炒至出香味，再放入肚丝，边翻炒边加入剩余的料酒以及盐、姜汁、味精、醋调味。

4. 放入胡椒粉、香菜段，淋入香油，搅拌均匀出锅装盘即可。

制作关键

1. 煮猪肚时要掌握好火候。

2. 肚丝不宜切得过细。

3. 烹炒时要先放姜汁，后放香菜。

4. 此菜不能用水淀粉勾芡。

制作者：何文清

烩肚丝

主料

熟猪肚⋯⋯⋯⋯200 克

配料

香菇⋯⋯⋯⋯⋯25 克
胡萝卜⋯⋯⋯⋯10 克
火腿⋯⋯⋯⋯⋯10 克

调料

香菜⋯⋯⋯⋯⋯ 5 克
葱丝⋯⋯⋯⋯⋯ 5 克
姜汁⋯⋯⋯⋯⋯ 4 克
盐⋯⋯⋯⋯⋯⋯ 3 克
味精⋯⋯⋯⋯⋯ 2 克
蒜蓉⋯⋯⋯⋯⋯ 4 克
水淀粉⋯⋯⋯⋯适量
香油⋯⋯⋯⋯⋯适量
清汤⋯⋯⋯⋯⋯适量
料酒⋯⋯⋯⋯⋯适量
花生油⋯⋯⋯⋯适量

制作方法

1. 将熟猪肚切成细丝。香菇、火腿、胡萝卜分别切成细丝，放入开水锅中焯透。香菜洗净，切成碎。
2. 炒锅里放入花生油烧热，放入葱丝、蒜蓉煸炒出香味后，倒入清汤，放入肚丝，然后加入料酒、盐、姜汁、味精、香菇丝、火腿丝、胡萝卜丝煮至入味，再放入水淀粉勾薄芡，淋上香油，装入盘中，放上香菜碎即成。

制作者：柳建民

此菜采用清炸的烹调技法，选用猪大肠制成的。

清炸是将经过刀工处理的主料用调料腌渍，一般不拍粉不挂糊，直接用油加热烹制或经前期处理定形后直接炸制。

制作方法

1. 将猪肥肠中加入少许料酒以及盐、碱反复搓洗，去净杂质和异味后，再翻过来洗净。

2. 猪肥肠放在开水锅里，加入水、葱片、姜片、八角、剩余的料酒，煮至八九成熟时捞出，放入倒有酱油的盆中浸泡一下。

3. 锅里放入花生油，烧至五六成热时，放入肥肠炸至呈枣红色，捞出后控净油，放在熟食砧板上切成象眼块，码放在盘中。

4. 食用时撒上花椒盐即可。

清炸肥肠

主料

猪肥肠·············400 克

调料

花生油·············50 克
料酒·············15 克
酱油·············· 5 克
葱片·············50 克
姜片·············20 克
花椒盐············· 适量
八角·············· 适量
盐·············· 适量
碱·············· 适量

制作关键

1. 煮猪肥肠时要掌握成熟度，煮至八九成熟为佳。

2. 油炸时要掌握好油温。

制作者：王高奇

　　九转大肠是传统名菜。据说，其出现于清光绪初年，由济南"九华楼"酒店首创。九华楼是济南富商杜氏和邰氏所开。杜氏是一巨商，在济南开设有9家店铺，酒店只是其中之一。这位掌柜对"九"字有着特殊的喜好，什么都要取个"九"数，因此他所开的店铺字号都冠以"九"字。九华楼设在济南县东巷北首，规模不大，但厨师都是高手，对烹制猪下货菜更是讲究。"红烧大肠"（九转大肠的前名）就很出名，做法也别具一格：下料狠，用料全，五味俱有，制作时先煮、再炸、后烧，出锅入锅反复数次，直到烧煨至熟。所用调料有名贵的中药砂仁、肉桂、肉豆蔻，还有山东的辛辣调料大葱、大姜、大蒜以及料酒、清汤、香油等。口味甜、酸、苦、辣、咸兼有，烧成后再撒上芫荽（香菜）末，增添了清香之味，盛入盘中红润透亮，肥而不腻。有一次杜氏宴客，酒席上了此菜，众人品尝这款佳肴后都赞不绝口。有一文士说，如此佳肴当取美名，杜表示欢迎他给取个名字。这个客人一方面为迎合店主喜"九"之癖，另外，也是赞美高厨的手艺，当即取名"九转大肠"。同座都问何典。他说道家善炼丹，有"九转仙丹"之名，吃此美肴，如服"仙丹"，举桌都为之叫绝。从此，"九转大肠"声誉日盛，也逐渐流传到北京地区。

九转大肠

主料

猪大肠·······················3 条

调料

香菜末······················2 克
葱段·························5 克
姜片·······················2.5 克
料酒·······················10 克
酱油·······················155 克
白糖·······················100 克
醋··························50 克
花椒·······················15 克
胡椒粉·······················少许
肉桂粉·······················少许
砂仁粉·······················少许
清汤·························适量
盐··························适量
香油·························适量
味精·························适量
香料包·······················适量
鸡油·························适量
花生油·······················适量

制作方法

1. 将择洗干净的猪大肠细尾切去不用，放入沸水中煮透，捞出控干水，抹上少许酱油。

2. 炒锅内倒入花生油，待烧至七成热时，下入大肠炸至呈金红色时捞出，切成长段。

3. 炒锅内倒入香油烧热，放入 30 克白糖用小火炒至呈深红色，把大肠段倒入锅中，颠转锅，使之上色。再烹入料酒，放入葱段、姜片、花椒炒出香味，加入清汤、剩余的酱油、剩余的白糖、醋、盐、味精、香料包，等汤汁烧开后，再移至小火上煨。待汤汁烧至剩 1/4 时，放入胡椒粉、肉桂粉、砂仁粉，继续用小火煨至汤干汁浓时，颠转锅使汤汁均匀地裹在大肠段上，淋上鸡油，盛入盘中，撒上香菜末即成。

制作关键

1. 大肠用套洗的方法处理。里外翻洗几遍去掉杂物，放入盘内，撒点盐、醋揉搓，除去黏液，再用清水将大肠里外冲洗干净。

2. 煮大肠时要宽水上火，开锅后改用小火。发现有鼓包用筷子扎眼放气，煮时可加姜、葱、花椒，除去腥臊味。

制作者：刘永克

    此菜原名炒菊花羊肉，是清朝宫廷风味菜，后由宫廷传入民间，成为北京的特色风味菜。其选用鲜嫩的羊后腿肉为主料，配以鲜菊花烹制而成。据资料记载，用菊花制作菜肴在我国隋唐时期就已出现，至今，仍为民间常食。用菊花烹制的食品，不但清淡爽口、鲜香诱人，而且风味独特、营养丰富。

菊花羊肉

主料

鲜羊后腿肉 ········· 250 克

配料

鲜菊花 ····················· 1 朵
鸡蛋清 ····················· 1 个

调料

料酒 ·························· 6 克
姜汁 ·························· 5 克
盐 ···························· 3 克
葱丝 ·························· 5 克
味精 ·························· 2 克
胡椒粉 ····················· 适量
清汤 ························· 适量
香油 ························· 适量
花生油 ····················· 适量
淀粉 ························· 适量

制作方法

1. 将鲜羊后腿肉洗净，去掉筋膜，切成片，泡去血水后吸干表面的水。将羊肉片放入盆里，加入少许盐、鸡蛋清、淀粉调匀上浆。鲜菊花一瓣瓣择好，洗净，沥干水。取一个碗，倒入清汤，加入料酒、剩余的盐、味精、胡椒粉、姜汁、淀粉、葱丝，调匀成芡汁。

2. 炒锅里放入花生油烧至二三成热，放入浆好的肉片，滑透后捞出，控净油，再放回炒锅中，倒入芡汁轻轻翻炒，再放入菊花瓣，翻炒两下。

3. 淋入香油，出锅装盘即成。

制作关键

1. 菊花瓣要反复清洗，要后放。

2. 羊肉片要切得均匀，不可有连刀。

3. 羊肉过油时，油温不宜过高。

4. 芡汁不宜过多。

制作者：赵军

风味羊排

主料

羊排················500 克

配料

西芹段··············50 克

胡萝卜片···········30 克

调料

淀粉···············30 克

葱段···············50 克

姜片···············25 克

甜面酱·············10 克

椒盐···············10 克

蒜蓉辣酱···········10 克

孜然粉·············30 克

料酒···············20 克

盐················ 5 克

花生油············· 适量

此菜所用原料是羊胸部的肋条即连着肋骨的肉。它外覆一层薄膜，肥瘦结合，质地松软，俗称羊排，适于炸、扒、烧、焖和制馅等。炸羊排是人们在冬季里经常食用的佳肴，因为入冬时节，正是吃羊排进补的时候。其实，羊排的做法无论简繁，都不难操作，但是各种配料的搭配，对菜品的味道却有着极大的影响。

制作方法

1. 将羊排剁成块，放入盆中，加入料酒、盐、葱段、姜片、西芹段、胡萝卜片，略腌一会儿。

2. 锅内倒入花生油烧热，烧至六成热时，将羊排拍上淀粉，放入油锅中炸至呈金黄色，捞出控油。

3. 将控过油的羊排改刀装盘，撒上孜然粉，食用时配上用甜面酱、椒盐、蒜蓉辣酱制成的酱料即可。

制作者：李志强

秘制炭烤牛肋骨

主料

牛肋骨·············· 1 根

配料

芹菜·············· 3 根
洋葱·············· 1 个
胡萝卜·············· 1 根

调料

蒜·············· 20 瓣
盐·············· 10 克
黄油·············· 20 克
黑胡椒·············· 5 克
花雕酒·············· 100 克
番茄酱·············· 80 克
鸡粉、牛肉汁、蚝油、
冰糖、柱候酱·············
·············· 各 10 克
秘制酱料、葱段、姜
片、花生油、香菜·····
·············· 各适量

制作方法

1. 胡萝卜和芹菜洗净，切成段。洋葱切成块。

2. 牛肋骨清洗干净，放入开水锅中氽一下，备用。锅内加入黄油，放入蒜、洋葱块、胡萝卜段炒香，倒出，备用。

3. 炒锅上火，倒入花生油，加入芹菜段炒香，然后加入除秘制酱料、黄油、花生油、蒜外的其他调料炒香，再加入适量清水烧开，放入牛肋骨，大火烧开后转小火炖煮 1 小时，捞出，备用。

4. 烤箱调至 250℃，将牛肋骨放在烤架上，刷上秘制酱料，烤 6 分钟。取出切片，装盘，蘸上自己喜欢的酱料食用即可。

制作者：李志强

191

　　秋风渐起，不少人惦记着"贴秋膘"，然而进食肉类一则难以消化，二则体重堪忧。北京老舍茶馆推出创意菜普洱蜜椒牛仔骨，其牛仔骨为牛胸肋部分，营养丰富，能增长力气，培补中气。此菜区别于传统黑椒牛仔骨，选材方面使用上等牛仔骨，以云南古树普洱茶制成秘制酱汁腌制后烹饪，从准备到成菜需耗许多时间，是名副其实的"工夫菜"。普洱茶本身具有解腻去腻之功效，其茶香与牛仔骨醇美的口感完美交织，加上口中闪过的丝丝香气与胡椒的微辣，使人大快朵颐之余，无后顾之忧。

普洱蜜椒牛仔骨

主料

牛仔骨·················· 150 克

配料

普洱茶················· 20 克
洋葱片················· 少许

调料

黑椒碎················· 8 克
蜂蜜················· 25 克
盐················· 2 克
橄榄油················· 20 克
蔬菜汁················· 少许
葱段················· 适量
姜片················· 适量

制作方法

1. 将牛仔骨切成块，加入葱段、姜片、洋葱片、少许黑椒碎、蔬菜汁、盐，腌制 2 小时。用剩余的黑椒碎以及蜂蜜、普洱茶调制蜜椒汁，备用。

2. 锅上火，加入橄榄油烧热，放入牛仔骨块煎至两面金黄。

3. 加入蜜椒汁勾薄芡即可装盘。

制作关键

1. 腌制时要腌至入味。

2. 煎牛仔骨时要掌握好火候。

制作者：李志刚

　　此菜是用牛蹄筋烹制而成的。牛蹄筋就是附在牛蹄骨上的韧带，是一种上好的烹饪原料，古代就已食用。据记载有的地区新婚合卺时要吃以牛蹄筋配猪肉丁做的羹，称作"金羹玉食"。牛蹄筋通常用的是干制品，用水发制后烹制的菜肴别有风味。常见的菜肴有红烧蹄筋、烩蹄筋、炸烹蹄筋等。烧蹄筋特点为滑爽酥香，味鲜利口，可与烧海参等名贵菜肴相媲美。

葱烧蹄筋

主料

水发牛蹄筋 ········ 500 克

调料

葱段 ······················ 50 克
姜片 ······················ 40 克
盐 ························· 2 克
味精 ······················ 3 克
酱油 ······················ 10 克
白糖 ······················ 5 克
料酒 ······················ 10 克
高汤 ······················ 200 克
水淀粉 ···················· 适量
葱油 ······················ 适量
花生油 ···················· 适量
蒜 ························· 适量

制作方法

1. 将水发蹄筋改刀成段。锅里倒入水烧开，放
入蹄筋段氽一下，捞出控净。

2. 另起锅，倒入花生油烧热，加入葱段、姜片、
蒜煸炒出香味。

3. 倒入酱油、料酒、白糖、高汤、盐、味精烧开，
撇去浮沫，放入蹄筋段，用小火烧至入味。

4. 挑出姜片、蒜，用水淀粉勾薄芡，淋葱油出
锅装盘即可。

制作关键

1. 牛蹄筋要去除异味。

2. 芡汁要亮，不宜过浓。

制作者：刘秋广

　　此菜是老北京的传统菜。炉肉又称"烤方""挂炉肉"，清代时为中秋佳节吃的食品。炉肉，源自御膳房。从前清宫御膳房专设"包哈局"，用特制的挂炉制作烤鸭、烤猪、烤炉肉，供宫廷御宴之用。烤炉肉是京菜中的烤炙品，皮酥肉嫩，未及品味其香气早已诱人。炉肉再加工或蒸或扒，可做出多种菜肴。清蒸炉肉皮红肉白，肥而不腻，清香味美。

清蒸炉肉

主料

猪五花肉 ············ 600 克

调料

酱油 ····················· 4 克
盐 ······················· 2 克
料酒 ···················· 10 克
清汤 ··················· 300 克
葱段 ···················· 10 克
姜片 ···················· 8 克
八角 ···················· 3 个
水淀粉 ················· 适量
香菜 ···················· 适量

制作方法

1. 将猪五花肉放入烤炉内烤至上色,即成炉肉。

2. 将炉肉切成长 10 厘米, 厚 0.3 厘米的长方片。

3. 将肉片码放在碗里, 加入葱段、姜片、料酒、八角、清汤、酱油和盐, 放入蒸锅内蒸至软烂, 取出摆入盘中。

4. 锅里倒入蒸肉的原汁烧开, 淋入水淀粉勾薄芡, 搅匀后浇在炉肉上, 用香菜点缀即成。

制作关键

1. 要选用肉嫩皮薄的五花肉, 并且要选三层五花的。皮毛一定要刷洗干净。

2. 烤时要不停地翻转肉片, 上色要均匀。

3. 肉一定要蒸透, 不要出现肉皮发艮的现象。

制作者：段建部

香酥兔腿

制作方法

1. 将鲜兔腿洗净，加入少许葱段、少许姜片、少许八角、盐、料酒略腌一会儿。

2. 将兔腿放入开水锅中氽一下，捞出。再放入用黄酱、酱油、老汤、剩余的葱段、剩余的姜片、花椒、剩余的八角、桂皮熬制而成的酱汤锅中，大火煮制一会儿，再用小火煨至八九成熟时捞出。

3. 将鸡蛋磕入碗中，加入料酒、盐、淀粉调匀，制成全蛋糊。

4. 锅上火，加入花生油烧至四五成热时，把酱好的兔腿裹上全蛋糊放入油锅中炸至熟，捞出沥油，改刀装盘。

制作关键

1. 酱汤锅中最好放老汤。

2. 几种香料的比例要调好，不能出现药味。

3. 注意掌握火候。做到大火煮，小火煨。大火煮是为了除膻去腥，小火煨是使味入肉中。在最后炸肉时最好用大火，以免肉吃油，产生油腻感。

主料

鲜兔腿…………300 克

配料

鸡蛋………………… 2 个

调料

黄酱………………15 克
酱油………………10 克
葱段………………30 克
姜片………………15 克
花椒、桂皮、八角……
………………各 5 克
老汤……………… 适量
盐………………… 适量
料酒……………… 适量
花生油…………… 适量
淀粉……………… 适量

制作者：黄福荣

陈式脆皮鲈鱼

主料

鲈鱼·····················1 条

配料

菠萝片············250 克

调料

葱段·················25 克
姜片·················20 克
盐···················· 3 克
料酒·················10 克
淀粉、蒜蓉辣酱、泡椒、番茄酱、黑芝麻、白芝麻、烧汁、水淀粉、花生油、葱花······
·················各适量

制作方法

1. 将鲈鱼宰杀，去内脏，洗净，由肚子处切开，放入葱段、姜片、盐、料酒略腌片刻。

2. 炒锅里放入花生油烧至四五成热时，把腌好的鱼裹上淀粉放入锅油中炸至金黄色，捞出，放入盘中。

3. 炒锅中烧热底油，放入蒜蓉辣酱、烧汁、泡椒、番茄酱烧开，淋入水淀粉勾成芡汁。

4. 将芡汁浇到炸好的鱼身上，摆上菠萝片，撒上黑芝麻、白芝麻和葱花即成。

制作关键

1. 鲈鱼一定要处理干净，腌透入味。

2. 过油炸时，油温不宜过低。

3. 芡汁不宜过浓。

制作者：陈钢

　　此菜是北京宫廷传统名菜。传说是由东汉末年东吴主公孙权之妹孙尚香创制的，一直在宫廷里流传，后流传到北京地区。东汉末年，东吴都督周瑜深知刘备乃是与孙仲谋争夺天下的劲敌，因而时刻琢磨如何除掉他。为此，周瑜设下一计，假称将孙权的妹妹嫁与刘备，两家联亲结盟，共同对付曹操，骗请刘备来东吴相亲，以便伺机将其杀害。刘备系中山靖王之后，乃"龙种"之属，孙权的母亲不知周瑜居心不良，欣然同意了这门亲事。孙权之妹孙尚香对刘备一见钟情，因而决定以身相许，弄假成真。刘备到东吴后，已知中了圈套，但由于重兵看守，难以逃出虎口，心中甚是焦躁。孙尚香唯恐刘备忧虑成疾，便亲手烹制了一道"蟠龙鱼"佳肴，借以暗示并宽慰刘备。其寓意是夫君恰如被困之蛟龙，在东吴只是暂时屈身，为妻与你同心同德，之后定能大展宏图。刘备品尝此菜后，好像吃了定心丸，心里踏踏实实。殊不知诸葛亮略施小计，解了刘备东吴之厄，并成全了刘备与孙尚香的姻缘。"蟠龙鱼"这道菜也一直流传在历代宫廷中。它色泽鲜艳，酸甜适口。

蟠龙鱼

主料

大草鱼··················· 1 条

配料

圣女果················· 1 个
黄瓜片················· 2 片
蛋黄丝················· 适量

调料

醋····················· 20 克
白糖··················· 50 克
料酒··················· 10 克
盐····················· 3 克
花生油················· 适量
番茄酱················· 适量
葱段··················· 适量
姜片··················· 适量
蒜····················· 适量
淀粉··················· 适量
味精··················· 少许

制作方法

1. 大草鱼宰杀，去内脏，洗净，去骨取肉。

2. 在鱼肉的两面剞菱形花刀，放入盘中。

3. 用少许盐、味精、少许料酒将鱼腌至入味后，裹上淀粉。把剩余的盐、剩余的料酒和白糖、醋平均分成两份。取两个碗，分别加入一份料酒、盐、白糖、醋调匀。其中一个碗中再加入番茄酱调匀。圣女果一切两半。

4. 炒锅置于火上，倒入花生油烧至五成热时，将鱼下锅炸至呈金黄色即可盛入盘中。

5. 炒锅里放入花生油烧热，放入葱段、姜片、蒜煸炒出香味，将未加入番茄酱的味汁倒在锅中，用淀粉加水勾薄芡，淋入热油，迅速起锅浇在炸好的鱼的一面上面。再把装有番茄酱的味汁用同样的方法炒熟，淋在鱼的另一面上面。鱼眼处用黄瓜片和圣女果点缀，撒上蛋黄丝即成。

制作关键

1. 要挑选新鲜的鱼，没有冷冻过的最好。

2. 鱼去骨后剞花刀时，刀口要均匀不可过密。腌制时间不宜过长。调制时糊的浓度不宜过稠。

3. 下锅炸鱼时，油温要略高一些，然后慢慢浸炸，鱼出锅时油温要高一些。

制作者：于海祥

　　成品色泽红润油亮，口味鲜咸香辣，盘中的两片鲤鱼看上去头挨头、嘴挨嘴、尾挨尾，犹如亲兄弟一样，故此得名。

制作关键

1. 煎鱼时火候不宜太大。

2. 放鱼时皮要朝下，出锅时皮要朝上，摆在盘里。

3. 汤汁一定要炒至黏稠，再淋在鱼身上。

兄弟全鱼

主料

鲜鲤鱼······················1 条

配料

圣女果······················1 个
黄瓜片······················2 片

调料

料酒······················5 克
姜片······················10 克
葱段······················10 克
八角······················6 克
干辣椒······················10 克
辣椒油······················10 克
白糖······················60 克
醋······················5 克
清汤······················400 克
色拉油······················适量
盐······················适量
味精······················适量

制作方法

1. 将鲜鲤鱼清理干净，由嘴的中间片开成两片，在每片鱼肉上每隔 2 厘米切一刀，不要切断。

2. 将片好的鱼放入盆中，加入少许葱段、少许姜片、少许料酒略腌片刻。

3. 炒锅里放入色拉油烧热，把鱼皮朝下煎一下取出。炒锅里留底油，放入切好的鱼片、剩余的葱段、剩余的姜片煸炒，加入清汤、剩余的料酒、白糖、盐、味精、醋、八角、干辣椒、辣椒油烧开，撇去浮沫，放入煎好的鱼烧熟，皮朝上捞出，放入盘中。

4. 炒锅里放入余下的汤汁，炒至黏稠时，淋在鱼身上，鱼眼处用黄瓜片和圣女果点缀即可。

制作者：张铁元

　　据传此菜出自康熙年间。康熙皇帝有一年南下暗访民情。这一天来到"宫门岭"，在此岭下有个天然大洞，洞宽丈余，形如宫门。大洞分为东西两个洞口，西洞口外有一个池塘。由于这里是交通要道，因此车水马龙，来往行人很多，并有许多酒店。这时康熙觉得肚子有些饿了，就走进一家酒店。店小二忙迎上前问道："客官，请问用些什么？""一条鱼，一斤酒。"康熙说。一会儿工夫，店小二就把鱼、酒送到了康熙面前。康熙自斟自饮，吃得很香，很快便吃完一条鱼，又要了一条。这鱼实在好吃。康熙就问店小二："店家，此菜何名？""腹花鱼。"店小二答道。"为何唤作腹花鱼？"康熙又问道。店小二指着窗外的池塘说："客官，这鱼长在这池里，它很爱吃池中的鲜花嫩草，又因为这鱼腹部长着金黄色的花纹，所以叫'腹花鱼'。""原来如此。"康熙说道，"店家，我给此鱼改个名如何？""好哇。"店小二满口答应。于是，康熙就叫店小二取来了笔、纸、砚、墨，提笔写了"宫门献鱼"四个大字，最后又写上了"玄烨"二字，写完便走了。

　　过不久，有位总督路过此处，发现这家店门上挂着"宫门献鱼"署名"玄烨"的牌子，大吃一惊，就问店小二这牌子的来历。店小二一五一十地说了一遍。总督听罢惊呼，果真是当今天子所写。店小二听后又惊又喜，赶忙跪倒在牌子前面，高呼："谢主隆恩。"打这以后，凡是路过此处的行人，都要到店里尝尝"宫门献鱼"这道菜。从此，这个小店经常宾朋满座，生意兴隆起来。后来康熙又把这里的厨师传到宫廷里专门做这道菜，供自己食用。

宫门献鱼

主料

鲤鱼··················· 1 条

配料

猪五花肉·············· 100 克
熟豌豆··············· 100 克
蛋清··················· 3 个

调料

料酒················· 40 克
醋··················· 20 克
酱油················· 30 克
白糖················· 10 克
味精··················· 4 克
葱段················· 25 克
姜片················· 20 克
蒜··················· 20 克
盐··················· 适量
水淀粉··············· 适量
清汤··············· 适量
花生油··············· 适量
枸杞··············· 适量

制作关键

1. 烧制鱼头、鱼尾时，
   要用大火收汁。
2. 炸鱼片时油温不宜过
   低，以免鱼片吸油。
3. 勾芡时不宜过多搅动。

制作方法

1. 鲤鱼去鳞、内脏、鳃后洗净，用刀均匀地剁成三段。
   把鱼的头、尾放在盆里，加入盐、少许料酒、少
   许葱段、少许姜片略腌片刻。猪五花肉洗净，剁
   成末。

2. 把鱼的中段去皮、骨，片成厚片。加入少许葱段、
   少许姜片、少许料酒、盐略腌后，放入开水锅中汆熟。

3. 炒锅里放入花生油烧至五六成热时，放入鱼头、鱼
   尾，炸至呈金黄色时捞出。

4. 锅内留底油，放入猪肉末炒至出香味，再放入剩余
   的葱段、剩余的姜片、蒜略炒，接着放入酱油、
   少许料酒、白糖、醋、清汤和炸好的鱼头、鱼尾，
   在大火上烧开后放在小火上煨熟，捞出后放在鱼
   盘的两边。把蛋清打成高丽糊，蒸透。把汆好的鱼
   片控净水，摆在鱼头、鱼尾的中间，上面放上高
   丽糊抹成城门形，再撒上熟豌豆和枸杞。炒锅里放
   入清汤，加入盐、剩余的料酒、味精调好味，烧
   开后用水淀粉勾薄芡，浇在鱼身上即成。

制作者：黄晓荣

　　北京宫廷传统名菜。它是用鲜活的白鱼为主料制作而成的。相传，此菜为清代的将军巴海的家厨创制。有一年，康熙皇帝亲赴东北视察武备。有一次，他行至将军府内。巴海将军设宴为康熙接驾洗尘，特令家厨烹制松花江鱼肴。此时正值阳春三月，是北方江开鱼肥的时节，家厨选用肉质洁白细嫩、口味鲜美的松花江白鱼，并用清澈甘甜的江水烹制了一道清蒸白鱼。康熙食后大加赞赏，并兴致勃勃地挥毫写下了夸赞的诗句。此后清蒸白鱼便名噪全城，白鱼也被列为贡品。至乾隆年间，乾隆皇帝到了东北。此菜再次上了圣宴，又博得乾隆皇帝的恩宠。他夸此菜为关东佳味，并将此菜的做法带回宫中。从此清蒸白鱼便出现在宫廷的膳食单上。在民间清蒸白鱼流传广泛，并不断改进，成为人们喜爱的佳肴，流传至今。

清蒸白鱼

主料

白鱼 ·························· 1 条

配料

肥猪肉 ······················ 50 克
冬笋 ························· 30 克
火腿 ························· 50 克
圣女果 ······················ 1 个
黄瓜片 ······················ 适量

调料

盐 ·························· 4 克
味精 ························· 3 克
料酒 ························· 25 克
花椒水 ······················ 15 克
葱 ·························· 15 克
姜 ·························· 15 克
鸡汤 ························· 适量
姜末 ························· 适量
米醋 ························· 适量
辣椒油 ······················ 适量

制作方法

1. 将冬笋、火腿、肥猪肉洗净，切成片。姜和葱切成片。

2. 将白鱼收拾干净，放入开水锅中氽一下，取出氽好的白鱼，刮去黑皮，两面剞花刀，汤备用。把葱片、姜片、火腿片、猪肉片、冬笋片插在鱼身上，再放入盐、味精、料酒、花椒水，淋上鸡汤。

3. 蒸锅内倒入水上火烧开，将鱼放在箅子上，用大火蒸熟，取出，挑出肥肉片、葱片、姜片，将鱼放入盘内。

4. 余鱼的原汤入锅烧开，撇去浮沫，勾薄芡浇在鱼身上，将圣女果放在鱼眼处，黄瓜片围在鱼的周围。食用时可搭配用姜末、米醋、辣椒油调制的料汁。

制作关键

1. 用开水烫鱼时火不能太大，以免伤害鱼皮，破坏鱼的形状。
2. 蒸鱼时要严格掌握火候和时间。
3. 上桌时要换盛器，食用时要搭配调制的料汁。

制作者：王俊峰

罗汉鲈鱼

相传，此菜出自隋末唐初。封建统治阶级残酷剥削人民，兵役、徭役繁重。田地荒芜无数，农民家破人亡，于是全国各地纷纷高举起义大旗。贵族出身的李渊也乘机起兵反隋，割据一方。

在一次大战中，李渊所率的人马中了埋伏，他单人独骑冲出重围，在峡谷里跑了一天一夜，傍晚时，总算跑出了谷口。他举目四望，只见到处都是参天大树，根本没有什么村寨，只好顺着林中小路，向前慢慢地走。忽然听到，不远处有流水声，这真是天无绝人之路啊，他赶紧打马寻声找去。由于极度疲劳，加上一天一夜没吃饭，喝完水他便迷迷糊糊地睡着了。朦胧中觉得有人叫他，于是睁开眼一看，有位黑脸老汉，身背鱼篓，手拿渔叉正冲着他笑呢！他翻身坐起，忙问："老人家，请问这是什么地方？""这里是救命墩，将军不是本地人吧！""是的，不瞒您说。昨日打仗，被冲散了，迷路至此。""既然如此，请将军到家中休息吧！"于是老汉扶起李渊，朝村中走去，走不多远便来到了老汉的家中。不一会儿老汉的儿子给他端来了酒和菜。李渊一看是热气腾腾的清蒸鱼和炒蔬菜。他真是饿极了，眨眼间，就把鱼和菜都吃光了。这时他才想起来问："老人家贵姓？""在下姓罗。"李渊给罗老汉拜了三拜感谢他的救命之恩。

后来，李渊做了唐朝皇帝，仍念念不忘罗家的救命之恩和那顿美味佳肴。于是借着打猎的机会，再次来到罗家。罗家又为李渊准备了酒菜，李渊点名要吃上次那两道菜，吃后，便封为"罗汉鲫鱼"和"罗汉菜心"并命人抄下做法带回宫中，经常传旨让人烹制，一直延续至今。后来此菜流传到北京地区。

主料

鲈鱼 ································· 1 条

配料

猪肉 ····························· 200 克
冬笋尖 ·························· 25 克
鸡蛋 ···························· 2 个

调料

酱油 ···························· 15 克
料酒 ···························· 15 克
白糖 ····························· 5 克
味精 ····························· 4 克
盐 ································· 6 克
葱段 ···························· 20 克
姜片 ···························· 15 克
蒜片 ····························· 8 克
水淀粉 ·························· 适量
清汤 ····························· 适量
葱姜水 ·························· 适量
姜粒 ····························· 适量
花生油 ·························· 适量
香菜叶 ·························· 适量

制作方法

1. 鲈鱼去鳃、内脏、大骨，清洗干净。猪肉切成末，冬笋尖切成粒。

2. 将猪肉末、冬笋粒中加入鸡蛋、少许盐、少许味精、葱姜水、姜粒调匀成馅料。

3. 将馅料填入鲈鱼的肚子里。

4. 炒锅里放入花生油烧至五六成热时，放入鲈鱼炸一下，捞出，沥干油。

5. 另起锅，倒入油烧热，放入葱段、姜片、蒜片煸炒出香味，再放入清汤、酱油、料酒、白糖、剩余的盐、剩余的味精烧开，放入鲈鱼煨至入味、成熟，用水淀粉勾薄芡，放入盘中，用香菜叶点缀即成。

制作关键

1. 去鱼鳃要注意鱼头和鱼身不要断开。

2. 调制馅料要调好味。

3. 往鱼肚里填馅要填满。

制作者：黄福荣

枸杞鳜鱼丝

主料

鳜鱼……………200 克

配料

彩椒……………50 克

蛋清……………1 个

调料

香菜……………1 克

淀粉……………15 克

料酒……………4 克

姜汁……………5 克

盐………………3 克

味精……………3 克

清汤……………20 克

枸杞……………2 克

水淀粉…………适量

花生油…………适量

制作方法

1. 将鳜鱼去骨取肉，切成丝。

2. 将彩椒、香菜切成丝，放入开水锅中焯一下。鳜鱼丝中加入少许盐及蛋清、淀粉上浆。碗里加入清汤、料酒、姜汁、剩余的盐及味精、水淀粉调成芡汁，备用。

3. 锅内放入花生油烧至三成热，放入浆好的鳜鱼丝，滑至七八成熟时，倒入漏勺里，控净油。

4. 锅内倒入花生油烧热，把鳜鱼丝连同彩椒丝一同倒入炒锅中，翻炒两下，倒入调好的芡汁翻炒均匀，再放入枸杞、香菜丝，淋上花生油即成。

制作关键

1. 鱼丝要切得粗细均匀，长短一致。

2. 炒制时动作要轻。

3. 芡汁不宜过多。

制作者：姜海涛

竹菊双味鱼

主料

鳜鱼··················· 1 条

配料

黄瓜··················· 4 根
彩椒粒···············35 克
蛋清··················· 适量
绿叶菜················· 适量

调料

白糖···············30 克
白醋···············15 克
盐 ··················· 3 克
料酒··················· 6 克
胡椒粉················· 适量
花生油················· 适量
番茄沙司··········· 适量
淀粉··················· 适量

制作方法

1. 把黄瓜刻成竹节形，挖空内部。

2. 鳜鱼处理干净后洗净，去除鱼骨，取一部分肉剞成菊花形，另一部分肉切成鱼肉粒。

3. 将菊花形鱼肉和鱼肉粒中加入少许盐及蛋清、淀粉上浆。将菊花形鱼肉放入油锅中炸至呈金黄色后捞出，装入盘中。将鱼肉粒放入锅中滑油，再放入彩椒粒，加入少许白糖、少许白醋、料酒、剩余的盐、胡椒粉，炒熟后装在竹节里，摆入盘中。

4. 番茄沙司中调入剩余的白糖、剩余的白醋，炒至黏稠，浇在菊花鱼上，用绿叶菜装饰即可。

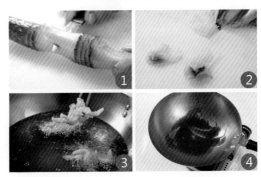

制作关键

1. 菊花要切得形象些，炸时要掌握好油温。

2. 芡汁不宜过稠。

制作者：张奇

金米炖鱼圆

主料

鲜鳜鱼肉·········500 克

小米···········200 克

配料

油菜··········20 克

南瓜块···········20 克

调料

料酒··········· 6 克

盐············ 3 克

味精··········· 2 克

白糖··········· 1 克

鸡油··········· 适量

葱姜水··········· 适量

水淀粉··········· 适量

猪油··········· 适量

清汤··········· 适量

枸杞··········· 适量

制作关键

1. 鱼蓉要细腻。

2. 汆鱼丸要掌握好火
   候，以防鱼丸变老。

3. 小米粥不宜过稠。

制作方法

1. 将鳜鱼肉去掉外皮、红肉，清洗干净。

2. 用刀背将剩余的鱼肉捶成细蓉，加入葱姜水搅开，用细箩筛出小
   刺和筋膜，放入少许盐、少许味精、葱姜水、猪油、少许料酒搅
   拌均匀。

3. 锅内倒入水，将搅好的鱼蓉挤成丸子放入锅内，开火将水烧开，
   撇去浮沫，待丸子煮熟后捞出，放入开水盆里。

4. 将油菜清洗干净。南瓜块切成丁。小米洗净后放入锅内，加入清
   汤煮成粥状，放入剩余的盐、白糖、剩余的味精，再放入熟鱼丸、
   南瓜丁下锅略煮，放入油菜，用水淀粉勾薄芡，淋入鸡油，起锅
   装入盛器中，撒上枸杞即可。

制作者：尤卫东

拆烩鲢鱼头

主料

鲢鱼头·········· 2000 克

配料

油菜·············· 200 克
金华火腿········ 200 克
笋尖·············· 200 克
胡萝卜··········· 200 克
香菇·············· 适量

调料

浓鸡汤··········· 500 克
料酒·············· 6 克
味精·············· 3 克
盐················· 2 克
葱段·············· 10 克
姜片·············· 8 克
胡椒粉··········· 适量
鸡油·············· 适量
猪油·············· 适量
水淀粉··········· 适量

制作方法

1. 将鲢鱼头去鳞，用刀从底部劈成两半。金华火腿切成片。笋尖和胡萝卜洗净，切成片。香菇发好，切十字刀，焯熟。

2. 锅内倒入清水上火烧开，将鲢鱼头下锅，放入少许料酒、少许葱段、少许姜片煮至七成熟时捞出，过凉水拆去鱼骨，将鲢鱼头放入盘中。

3. 炒锅上火，放入猪油烧热，放入剩余的葱段、剩余的姜片，烹入剩余的料酒及浓鸡汤，放入少许盐、少许味精及胡椒粉、鸡油烧开，放入鲢鱼头，再转小火烧约10分钟，用水淀粉勾薄芡，淋入鸡油，盛入盘中，摆上笋尖片、火腿片、胡萝卜，中间放上香菇点缀。另取炒锅上火，放入猪油，将油菜下锅煸炒，放入剩余的盐、剩余的味精炒熟后，围在烧好的鲢鱼头周围即可上菜。

制作者：李岩

　　芹仁龙须是一道采用滑炒方法烹制的宫廷菜肴。此菜选用鲜嫩的鱼肉，切成丝制成。烹制后的鱼丝颜色洁白，细如龙须一般，故而得名。此菜虽为一般滑炒之肴，但也别具一格。芹菜梗经细加工更为鲜嫩，配以滑好的鱼丝同炒，做熟后的菜肴，芹段碧绿，鱼丝洁白，脆嫩结合风味极佳，入口清脆滑嫩，色泽素雅，清爽诱人，食用后盘中只有点点油汁。

制作关键

1. 鱼肉要鲜。

2. 鱼丝不宜切得过细，易碎。

3. 芡汁不宜过多。

芹仁龙须

主料

黑鱼⋯⋯⋯⋯⋯⋯⋯1 条

配料

嫩芹菜⋯⋯⋯⋯⋯⋯ 100 克
鸡蛋清⋯⋯⋯⋯⋯⋯ 100 克
红椒丝⋯⋯⋯⋯⋯⋯⋯适量

调料

绍酒⋯⋯⋯⋯⋯⋯⋯ 10 克
盐⋯⋯⋯⋯⋯⋯⋯⋯⋯ 5 克
味精⋯⋯⋯⋯⋯⋯⋯⋯ 5 克
淀粉⋯⋯⋯⋯⋯⋯⋯ 10 克
葱丝⋯⋯⋯⋯⋯⋯⋯⋯少许
姜丝⋯⋯⋯⋯⋯⋯⋯⋯少许
花生油⋯⋯⋯⋯⋯⋯⋯适量

制作方法

1. 黑鱼去内脏，去骨取肉，切成细丝，用水泡好后捞出，放入碗中。
2. 肉丝碗中加入鸡蛋清、少许盐、淀粉浆好。
3. 嫩芹菜撕去筋皮，择去叶，切成段。放入开水锅中烫一下，再投入冷水中放凉，备用。
4. 炒锅烧热，倒入凉油，待花生油烧至三成热时，将鱼丝倒入炒锅中，用筷子划开，随后连油一起倒入漏勺内。
5. 炒锅内留少许底油，加入葱丝、姜丝、芹菜段、红椒丝略炒几下，再下入鱼丝，炒拌均匀后，烹入绍酒，加入剩余的盐及味精颠炒几下，淋花生油出锅装盘。

制作者：郭文亮

脯雪黄鱼

此菜乃北京宫廷名菜，多次在满汉全席上出现。据说此菜为乾隆皇帝亲自监制做出来的。乾隆下江南时，一边体察民情，一边游山玩水。这一天傍晚，一行人来到一片竹林旁，但见竹林茂密、风雨不透、郁郁葱葱。乾隆与随从正在观察之际，忽闻林边传出一阵叮当之声，肃立再听，却声响皆无。乾隆好生纳闷，立刻命人前去察看，不一会儿，一人回报说，那边树林中只有一块巨石，别无他物。话音刚落，响声又起，转瞬复止。乾隆心中狐疑，决定亲自看个究竟，便让太监引路。乾隆一行进入林中，忽见眼前一片空地，绿草如茵，各色鲜花点缀其上。更令人惊异的是，绿草红花之间，果然有一块巨石巍立，近看，巨石高数尺，围丈许，色白如雪，形似蟠龙，真乃天下奇观，稀世之物。乾隆认为其乃吉祥神灵之物，内心欣喜，绕巨石转了三周，传旨运回宫中。

乾隆一声令下，"民工们"历尽辛苦，整整搬运了三个季节，总算完成了差役。乾隆见神石运到，即命令将它安置于"清漪园"内。但因园门太窄无法入内，乾隆就传旨将门拆掉，待巨石安置妥当后，乾隆亲笔题了三个大字——"青艺岫"。后来乾隆母亲听说此事后十分生气，斥责乾隆劳民伤财，不务正业，为了消除母后的怒气，在母亲寿辰之日，乾隆特为母后准备了一桌别开生面的宴席，还招来江南名戏班，为太后唱戏。在这次祝寿宴桌上，有一道取名"脯雪黄鱼"的菜肴，是乾隆亲自监制并赐名的，取"卧冰求鲤"之典，寓尽忠尽孝之义。母后知悉后，心中怨解。从此，此菜一直留在宫中，成为满汉全席中的一道名菜。此菜头黄如龙头，尾红如彩凤，身白如瑞雪，软嫩鲜香。

主料

鲜黄鱼⋯⋯⋯⋯⋯⋯⋯⋯1 条

配料

鸡蛋⋯⋯⋯⋯⋯⋯⋯⋯⋯4 个
圣女果⋯⋯⋯⋯⋯⋯⋯⋯1 个
面粉⋯⋯⋯⋯⋯⋯⋯⋯⋯少许
黄瓜片⋯⋯⋯⋯⋯⋯⋯⋯适量
红椒片⋯⋯⋯⋯⋯⋯⋯⋯适量

调料

淀粉⋯⋯⋯⋯⋯⋯⋯⋯50 克
料酒⋯⋯⋯⋯⋯⋯⋯⋯15 克
香醋⋯⋯⋯⋯⋯⋯⋯⋯15 克
盐⋯⋯⋯⋯⋯⋯⋯⋯⋯⋯4 克
味精⋯⋯⋯⋯⋯⋯⋯⋯⋯3 克
葱段⋯⋯⋯⋯⋯⋯⋯⋯⋯适量
猪油⋯⋯⋯⋯⋯⋯⋯⋯⋯适量
鸡油⋯⋯⋯⋯⋯⋯⋯⋯⋯适量
胡椒粉⋯⋯⋯⋯⋯⋯⋯⋯适量
清汤⋯⋯⋯⋯⋯⋯⋯⋯⋯适量
姜片⋯⋯⋯⋯⋯⋯⋯⋯⋯适量
水淀粉⋯⋯⋯⋯⋯⋯⋯⋯少许

制作方法

1. 将鲜黄鱼去骨去皮取肉，切成片，放入盘中，加入少许盐、香醋、少许料酒、味精、胡椒粉、葱段、姜片腌至入味。鱼头、鱼尾也用同样方法腌好，备用。

2. 鸡蛋分开鸡蛋黄和鸡蛋清。将鸡蛋清用打蛋器打成高丽糊，加入少许淀粉和剩余的盐调匀。鸡蛋黄中加入剩余的淀粉调成糊。圣女果一切两半。

制作关键

1. 鱼片不要切得过大。
2. 高丽糊不能打发过头。
3. 炸鱼头、鱼尾、鱼肉时要分别掌握好油温。
4. 芡汁不可过稠。

3. 锅里放入猪油烧至二三成热，把腌好的鱼片蘸上面粉，再裹上高丽糊放入油锅中炸透，捞出摆放在鱼盘中间。再把腌好的鱼头、鱼尾挂上蛋黄糊炸成金黄色，捞出分别摆在鱼盘的两头。

4. 锅里加入猪油，烧热后放入葱段、姜片炒出香味，加入清汤、剩余的料酒烧开，再淋入水淀粉勾薄芡，淋上鸡油出锅，浇在鱼头、鱼肉、鱼尾上。将红椒片放在鱼身上，鱼眼处用圣女果块和黄瓜片点缀即成。

制作者：杨忠海

龙舟鱼

据说此菜出自清朝康熙年间。康熙在历代君王中算是出类拔萃者。他精明能干，聪明过人，并经常微服私访。

话说康熙帝有一次南巡，乘舟抵达苏州，饱览了著名的园林后，听闻苏州河上一年一度的彩船会正在进行，他一时心血来潮，也要去看看，于是换上便装，带领几个心腹太监，偷偷来到了苏州河边。

宽宽的河面上，五颜六色、各式各样的彩船东游西荡，船中坐着穿红挂绿的男男女女。有的在一些大船上搭起彩楼，请来了民间艺人，鼓乐喧天，吹拉弹唱，异常热闹。

康熙越看越高兴，也想乘船到河中游玩。于是命随行太监去找船。可巧的是，不远的河边正停着一条涂黄描绿的彩船无人租用。太监和船主谈妥后，康熙上了船，彩船顺流而下，在大大小小的彩船中迂回慢行，康熙兴致勃勃地饱览了这传统的民间大会的热闹场面，同时也为自己治国有方而高兴。

临近正午，康熙觉得饥肠辘辘，命人准备酒菜。不一会儿酒菜就送上来了，康熙望着热气腾腾的菜呆若木鸡，这哪里是菜，简直是一件艺术品。天下的菜他吃过无数，可就没见过面前这道菜，他左看看，右瞧瞧，忙问太监："此菜唤作何名？"

"禀万岁，龙舟鱼。"

"何人所做？"

"船上一个老妈妈做的。"

听罢，康熙无限感慨地说："天下竟有如此能工巧匠。"后来康熙命人把这道菜的做法记录下来并带回宫中，"龙舟鱼"一时成为宫中最受欢迎的佳肴。

主料

黄花鱼·····················1 条

配料

鲜虾仁·····················50 克
水发干贝···················25 克
猪肉·······················25 克
香菇·······················20 克
火腿·······················40 克
水发海参···················100 克
熟豌豆·····················50 克
鸡肉·······················25 克
圣女果·····················1 个
鸡蛋清·····················1 个
黄瓜片·····················适量

调料

葱段·······················25 克
姜片·······················15 克
料酒·······················15 克
盐·························4 克
味精·······················3 克
白糖·······················5 克
醋·························适量
水淀粉·····················适量
花生油·····················适量
枸杞·······················适量
淀粉·······················适量

制作方法

制作关键

1. 鱼去骨后，在鱼肉上剞上花刀，便于腌至入味。

2. 炸鱼时要先拍上淀粉，但不要拍得过早，放入油锅里炸时油温要略高些，但油量不要过多。

1. 将黄花鱼由脊背处切开，去掉内脏，洗净后加入少许葱段、少许姜片、少许料酒、少许盐腌至入味。随后拍上淀粉，放入烧至五成热的油锅中炸至定形，摆入铺有黄瓜片的盘里。

2. 把鲜虾仁、香菇、水发海参、鸡肉、猪肉、火腿、水发干贝分别切成粒，放入开水锅中汆一下，加入鸡蛋清搅匀。

3. 锅里放入花生油，烧热后放入剩余的葱段、剩余的姜片和步骤2切好的粒一同翻炒，再放入剩余的料酒、剩余的盐、味精、白糖、醋，直至全部炒熟，塞入鱼的脊背里。

4. 另起锅，淋入水淀粉勾薄芡，淋入炸好的黄花鱼上。盘中用黄瓜片垫底，撒上枸杞和熟豌豆，鱼眼处用圣女果片和黄瓜片装饰即成。

制作者：张铁元

　　用银鱼烹制菜肴早在晋代就有记载，到了清代又有了很大的发展。太湖银鱼，以肉质细嫩，既无大鱼刺又无腥味的独特特点，不仅闻名国内，还大量出口海外。银鱼出水即死，过去都用干品，经泡发后再烹调成菜肴，现在一般都用冰鲜品。此菜是用银鱼和面糊（或蛋清糊）炸制而成的，成品微黄、酥香，是一道佐酒佳肴。

酥炸银鱼

主料

鲜银鱼·················200 克

配料

面粉·················适量

调料

葱段·················8 克
姜片·················6 克
盐·················2 克
花椒盐·················适量
花生油·················适量

制作方法

1. 面粉中加入水搅匀，制成面糊。将鲜银鱼洗净，用厨房纸吸干水，放入小碗中，加入葱段、姜片、盐腌至入味，再裹上面粉。

2. 锅里放入花生油烧至二三成热，把裹好面粉的银鱼挂上面糊，过油炸透，捞出控净油，摆放在盘中即成。

3. 蘸花椒盐食用。

制作关键

1. 银鱼洗净后一定要吸干水。

2. 调制面糊时，注意不能调散。

3. 炸银鱼时油温不可过低，以免吸油，影响口味。

制作者：谢延慧

221

　　鱼肚，也称白鳔、鱼胶，为鱼鳔的干制品，是传统珍贵的海味，"海八珍"之一。根据其品种不同，可分为黄鱼肚、鲥鱼鱼肚、鳗鱼肚、鲨鱼肚、鳇鱼肚等，以色泽淡黄者为上品。

金汤烧鱼肚

主料

水发白鱼肚········· 250 克

配料

油菜心················ 8 棵

调料

料酒···················· 8 克
盐······················· 3 克
味精···················· 5 克
胡椒粉················· 3 克
金汤·················· 150 克
枸杞···················· 5 克
水淀粉················ 适量

制作方法

1. 将水发白鱼肚放入金汤内余煮两遍，除去腥味。

2. 将油菜心洗净，放入开水锅中焯熟，摆盘待用。

3. 锅内倒入金汤，加入盐、味精、料酒、胡椒粉调味。放入白鱼肚和油菜心烧两分钟至充分入味，然后用水淀粉勾薄芡。盛入盛器中，用枸杞点缀即成。

制作关键

1. 白鱼肚要发好。

2. 金汤要事先调制好。

3. 芡汁不可过浓。

制作者：姜海涛

　　此菜是一道大菜，它的主料是鱼肚。黄鱼肚分三种，体厚片大者称为"提片"，体薄片小者称为"吊片"，提片和吊片以色泽淡黄明亮者为佳，涨发性好，还有一种"搭片"，系将几块小鱼肚搭在一起成为大片晒干制成的，色泽浑而不明，质量次。鮰鱼肚比较坚硬，以色泽淡黄者为佳品。虫蛀的、色灰黑的为次品。

　　鱼肚的品质鉴别比较简单，除了掌握各种鱼肚的特点之外，一般张大体厚、色泽明亮者为上品；张小质薄，色泽灰暗者为次品；色泽发黑者已变质，不可食用。

制作关键

1. 鱼肚应选择透明度好、无杂质、无异味、没腐败变质的。

2. 要掌握发制的各个环节，使发制的鱼肚色白质嫩。

3. 鱼肚发好后，应多次氽洗。

4. 煨制鱼肚时火候不宜过大。

鸡蓉鱼肚

主料

油发鱼肚·············· 200 克

配料

鸡肉蓉 ················· 25 克
鸡蛋清 ················· 3 个
油菜心 ················· 2 棵

调料

淀粉 ··················· 10 克
盐 ····················· 3 克
料酒 ··················· 25 克
姜汁 ··················· 8 克
味精 ··················· 3 克
清汤 ··················· 100 克
鸡油 ··················· 5 克
葱段 ··················· 适量
姜片 ··················· 适量
花生油 ················· 适量
枸杞 ··················· 适量

制作方法

1. 将发好的鱼肚改刀切整齐，放入开水锅中余一下，锅里加入少许清汤、少许料酒、葱段、姜片、少许味精烧至入味后捞出，滗去汤水。油菜心焯水后捞出，摆入盘中。

2. 鸡蛋清里加入鸡肉蓉、少许料酒、少许盐、少许味精以及少许淀粉、少许姜汁，调匀成鸡蓉浆。

3. 锅里倒入花生油烧至两成热，放入鸡茸浆过油炸成鸡茸片，控去油。

4. 锅里留底油烧热，放入姜片煸炒出香味，放入剩余的清汤，加入剩余的盐、剩余的料酒、剩余的姜汁、剩余的味精烧开，再放入鱼肚和鸡蓉浆，用中火煨至软透入味。剩余的淀粉加水勾薄芡，淋入鸡油，放入盘中，用枸杞点缀即成。

制作者：姜海涛

　　"蟹黄烧鱼肚"是采用质厚、晶莹、透亮的山东半岛盛产的黄鱼肚为主料和鲜味十足的蟹黄一起烹制而成的。

蟹黄烧鱼肚

主料

油发鱼肚············ 400 克

配料

蟹黄···················· 15 克
猪五花肉·············· 10 克
油菜心·················· 10 克
香菇························ 少许

调料

淀粉···················· 10 克
盐·························· 3 克
料酒···················· 25 克
姜汁······················ 8 克
味精······················ 3 克
清汤····················· 100 克
鸡油······················ 5 克
葱段······················ 适量
姜片······················ 适量
花生油·················· 适量

制作方法

1. 将发好的鱼肚改刀切整齐。猪五花肉切成片。香菇发好。油菜心放入开水锅中焯熟。

2. 发好的鱼肚放入开水锅中余一下，加入少许清汤、少许料酒、葱段、姜片、少许味精烧至入味后捞出，滗去汤水。

3. 锅里放入花生油烧热，放入蟹黄煸炒出香味后，倒入剩余的清汤。

4. 加入盐、剩余的料酒、姜汁、剩余的味精及肉片、香菇、油菜心烧开，放入鱼肚，用中火煨至软透入味，用淀粉加水勾薄芡，淋上鸡油即成。

制作者：尤卫东

　　我国食对虾的历史悠久，古籍有相关的记载。对虾肉质细嫩而洁白，滋味鲜美，被列为海产"八珍"之一。尤其以脑膏肥满时，其风味为佳。

　　"罗汉大虾"是北京的名菜。此菜讲究加工艺术，注重菜肴造型，并运用了两种烹调方法。将对虾分为两段，做成两种形状，前半部带壳烧制而成，为口味甜咸适中的红色虾段；后半部分去壳，酿馅，用油炸至酥香，为鲜嫩的金黄色虾段。因其外形凸起似袒腹大肚罗汉，故名罗汉大虾。

罗汉大虾

主料

对虾·····················400 克

配料

黑芝麻·················25 克
鸡蛋清·················2 个

调料

盐·······················7 克
料酒·····················25 克
姜片·····················50 克
清汤·····················150 克
水淀粉·················25 克
味精·····················适量

制作方法

1. 将对虾去掉沙包、虾线、足须，从脊背处片开，从虾的中间部位切开，去皮保留虾尾再片开，注意不要片断，使腹部成扇形，在虾肉上剞上花刀，加入少许盐、姜片、少许料酒腌至入味。

2. 鸡蛋清用打蛋器打发成高丽糊。

3. 将高丽糊抹在虾尾上，中间要高一些，放上黑芝麻。

4. 放入蒸锅里蒸熟，取出。

5. 锅里放入清汤、剩余的盐、剩余的料酒、味精烧开，淋入水淀粉勾薄芡，浇在虾身上即成。

制作关键

1. 对虾一定要选新鲜的，虾线、沙包要去净。

2. 抹糊时一定要抹匀，这样炸出来的虾才能大小一致。

3. 勾芡时要掌握好芡汁的浓度。

制作者：韩应成

烹制对虾的方法有很多种，但以油焖做法比较普遍。这种做法既简单易行，又能使虾肉入味。成品色泽红润油亮，滋味鲜、甜、咸、香。在柳泉居饭庄中它深受食客喜欢，特别是在高档宴会上，是必上的一道菜。

制作关键

1. 取沙包时，注意不要碰掉虾脑油。

2. 煎虾时，火候不易过大，时间不宜过长，让虾脑油慢慢渗出。

3. 焖虾时，最好放入一点儿猪油，再盖上盖焖。

油焖大虾

主料

对虾······················ 600 克

调料

高汤······················ 150 克
姜···························· 8 克
料酒························· 15 克
盐····························· 2 克
味精·························· 3 克
白糖························· 25 克
猪油························· 50 克
香葱·····················适量
醋·························适量
花生油·····················适量

制作方法

1. 将对虾去掉头须，去掉爪，去掉沙包和脊背上的沙线，清洗干净。姜和香葱洗净，切成丝。
2. 锅里放入花生油烧热，放入对虾煎至两面发硬时出锅。
3. 锅里放入花生油，烧热后放入葱丝、姜丝煸炒至出香味，放入对虾，再稍煎，待对虾发红时，放入料酒、醋、高汤、盐、白糖、味精，再放入猪油烧开，盖上锅盖，转小火焖3分钟后再转中火。
4. 再焖3分钟，待汤汁浓郁时，捞出对虾，将它整齐地摆放在盘子里。再把剩余的汤汁浇在虾身上即成。

制作者：杨星儒

　　此菜是老北京的一道传统菜。过去在老北京的四合院里都种有石榴树，一来美化环境，二来显示富贵。每到秋天，红艳艳、沉甸甸的石榴挂满树枝，主人美滋滋的心情无法用语言来表达。据说在北京有家姓张的大户人家，家里雇有许多京城名厨，其中有一位为了讨好雇主，用虾肉和鸡蛋制成了一道石榴形状的菜肴，并取名"富贵石榴虾"。雇主食用后非常满意并赏了这位厨师一些银子，并把这道菜作为看家菜给宾客食用。它也一直流传至今。

富贵石榴虾

主料

虾仁·················· 250 克

配料

鸡蛋··················· 4 个
水发香菇·············· 25 克
冬笋·················· 25 克

调料

姜汁··················· 8 克
味精··················· 2 克
葱末··················· 6 克
料酒················· 10 克
盐····················· 3 克
花生油················ 适量
香菜梗················ 适量
淀粉·················· 适量

制作方法

1. 将虾仁洗净，切成粒。水发香菇、冬笋洗净，
   分别切成小粒，放入开水锅中焯一下。

2. 将虾肉粒、香菇粒、冬笋粒放入碗中，加入
   葱末、姜汁、料酒、盐、味精、淀粉搅拌成
   馅料。

3. 炒锅里倒入花生油，放入鸡蛋制成蛋皮，切
   成直径 8 厘米左右的圆片，把调好的馅料包
   在里面成石榴形，用香菜梗系好。

4. 放入蒸锅里，蒸熟后取出即成。

制作关键

1. 调制虾馅时要掌握好口味。

2. 包制时要包成石榴状。

3. 蒸制时要掌握好火候。

制作者：赵俊杰

　　此菜在制作上需要高超的技艺。成菜品相美观，口味鲜咸，质地软嫩，味道鲜美，是宴会上的一道大菜。

制作关键

1. 抹上高丽糊，摆好切好的红椒和香菜后，上笼稍蒸即可，以防止水汽大使高丽糊塌下来。

2. 要求汁白芡亮，故锅、勺要清洗干净。

3. 用水淀粉勾薄芡前要撇去浮沫。

百花大虾

主料

大虾······················2 只

配料

鸡蛋清···············100 克
红椒·······················50 克
面粉·······················少许

调料

香菜·······················5 克
清汤·····················150 克
味精·······················1 克
料酒·······················5 克
盐··························2 克
水淀粉····················25 克
葱段·······················适量
姜片·······················适量
白糖·······················适量
花生油····················适量

制作方法

1. 大虾去皮、留尾，洗净，从脊背处切开，但不要切断，做成椭圆形。将处理好的虾放在盘中，加入少许料酒、少许盐、葱段、姜片腌至入味。将红椒切成花瓣形，放入开水锅中略烫一下。香菜去梗留叶，清洗干净。

2. 鸡蛋清用打蛋器打成高丽糊。将腌好的大虾两面拍上面粉，再裹上高丽糊，把切好的红椒和香菜叶摆放在每个大虾上面。

3. 将大虾上锅蒸熟后取出，摆放在盘子里。炒锅里放入花生油，烧热后放入葱段、姜片炒出香味，放入清汤、剩余的料酒、剩余的盐、味精、白糖烧开后，捞出葱段、姜片，撇去浮沫，用水淀粉勾薄芡，淋入花生油，浇在大虾上，摆上处理好的红椒、香菜即成。

制作者：李传刚

富贵牡丹虾

主料

鲜虾····················· 3 只

配料

红鱼子·············25 克
黄瓜·············100 克
鸡蛋清·············· 1 个

调料

盐····················· 3 克
姜汁···················· 6 克
味精···················· 2 克
料酒···················· 5 克
清汤···················· 适量
水淀粉················· 适量
花生油················· 适量
淀粉··················· 适量

制作方法

1.把鲜虾去头、去壳、去除虾线，用刀在背部均匀地片三刀，不能切断，使其腹部相连，洗净待用。

2.将黄瓜皮刻成枝叶，放入开水锅中，焯一下水。把片好的虾放入碗内，加入少许姜汁、少许盐、少许味精及鸡蛋清、淀粉上浆。

3.锅中倒入水烧至微开，放入少许料酒，把浆好的虾放入锅中氽熟。

4.将氽好的虾摆入盘中，把花的枝叶摆好，红鱼子撒在虾上。锅里放入清汤及剩余的料酒、剩余的盐、剩余的姜汁、剩余的味精烧开，用水淀粉勾薄芡，淋入明油，浇在虾上即成。

制作关键

1. 虾一定要浆好。

2. 掌握好氽虾的时间。

制作者：张奇

糊辣酥皮虾

主料

鲜虾·················800 克

调料

玉米淀粉··········3 克
花椒·················3 克
辣椒·················2 克
料酒·················4 克
姜汁·················3 克
盐·····················2 克
葱片·················适量
姜片·················适量
蒜片·················适量
胡椒粉··············适量
色拉油··············适量

制作方法

1. 将鲜虾去头、去皮、去虾线，切成段，用料酒、姜汁、玉米淀粉拌匀上浆。

2. 将花椒、辣椒用火煸透，擀成麻辣面，备用。把挂好糊的虾段放入三成热的油锅中炸透、炸酥后捞出。

3. 锅里放入色拉油烧热，放入姜片、葱片、蒜片煸炒出香味后，放入擀好的麻辣面、胡椒粉，倒入炸好的虾段翻炒均匀，放入盐、麻辣面、水调好味，出锅装盘即成。

制作关键

1. 虾一定要新鲜。挂的糊不可太稠。

2. 炸虾时要掌握好油温。

制作者：黄福荣

碧绿鲜虾南瓜酪

　　此菜是用鲜虾、南瓜制作而成的，一荤一素，搭配得恰到好处，不需要增加很多的调料，是一道非常不错的美食。

主料

鲜虾……………200 克

南瓜……………300 克

西蓝花…………200 克

调料

盐…………………… 4 克

水淀粉……………20 克

制作方法

1. 南瓜去皮、去瓤，切成长条。西蓝花洗净，放入开水锅中焯一下。

2. 将南瓜条放入蒸箱蒸 20 分钟后取出，放入碗内用勺子压成南瓜泥。

3. 将南瓜泥倒入锅中，熬成南瓜酪。

4. 将鲜虾剥皮取虾仁，放入开水锅中汆一下，捞出。另起锅，加入盐和南瓜酪一起炒，用水淀粉勾薄芡，装入小碗中，放入虾仁和西蓝花即可。

制作者：杨忠海

芥蓝虾仁

主料

虾仁……………150 克

配料

芥蓝……………100 克

鸡蛋清……………15 克

熟豌豆……………适量

调料

盐……………… 3 克

味精……………… 2 克

姜汁……………10 克

黄酒……………… 5 克

清汤……………50 克

白糖……………… 2 克

水淀粉……………10 克

花生油……………50 克

姜片……………适量

淀粉……………适量

制作方法

1. 虾仁去除虾线后洗净，加入少许姜汁、少许黄酒及鸡蛋清、淀粉拌匀上浆。取一个碗，加入清汤、盐、味精、剩余的姜汁、剩余的黄酒及白糖调成料汁。

2. 芥蓝清洗干净，切成菱形段。放入开水锅中余熟。

3. 锅内倒入花生油烧至四成热，放入虾仁滑熟，捞出控净油。

4. 锅内留底油烧热，放入姜片爆香，再放入虾仁、芥蓝段、熟豌豆煸炒，烹入料汁，用水淀粉勾薄芡，翻炒均匀即可。

制作者：韩应成

239

制作关键

1. 虾仁一定要挑去虾线，洗净，上浆前最好用干布把虾仁的水分吸干。

2. 锅巴要选用糯米锅巴，要薄，并且厚度要均匀。

3. 炸锅巴时要掌握好油温，油温高锅巴发得快不吸油，口感好；油温低，锅巴发得慢，吃起来油腻不酥。

4. 放芡汁时要掌握好火候和芡汁的浓度，芡汁不可过稀。

虾仁锅巴

主料

虾仁·····················600 克

配料

口蘑·····················2 个
香菇·····················3 个
青椒·····················1 个
红椒·····················1 个
锅巴·····················2 片
鸡蛋清···················2 个

调料

猪油·····················50 克
鸡汤·····················150 克
料酒·····················15 克
盐·······················2 克
味精·····················3 克
白糖·····················25 克
鸡油·····················适量
番茄酱···················适量
水淀粉···················适量
淀粉·····················适量

制作方法

1. 虾仁挑去虾线，洗净后沥干水，加入鸡蛋清、少许盐、淀粉拌匀上浆。香菇、口蘑切成片，放入开水锅中焯熟，青椒、红椒切成菱形。锅巴掰成大小均匀的块，放入油锅中炸至金黄酥脆后取出。

2. 将炒锅烧热，加入猪油烧至三四成热，倒入虾仁滑熟然后用漏勺沥净油。锅内留少许底油，加入香菇片、口蘑片、剩余的盐、番茄酱、鸡油、味精、白糖、鸡汤、料酒烧开，调好味，再倒入虾仁，与青椒片、红椒片一起用水淀粉勾成二流芡，淋上热油，倒入碗内，成为锅巴汁。

3. 将炸好的锅巴与出锅的热锅巴汁一起上桌，食用时迅速将热汁倒在锅巴上，锅巴便会发出响声。稍冷，便可食用。

制作者：李传刚

五彩虾粒

主料

虾仁·············150 克

配料

青椒·············25 克
红椒·············25 克
香菇·············25 克
鲜蘑·············15 克
火腿·············10 克
胡萝卜············半根
鸡蛋清············1 个

调料

淀粉·············15 克
料酒·············4 克
姜汁·············5 克
盐···············3 克
味精·············3 克
清汤·············20 克
水淀粉···········适量
花生油···········适量

此菜是由红、绿、黄、白、黑五种颜色组成的一道组合菜，成菜色彩艳丽美观，故名五彩虾粒。

制作方法

1. 将青椒、红椒、香菇、胡萝卜、鲜蘑、火腿分别切成小丁。
2. 虾仁挑去虾线，用清水反复搓洗泡白，吸干水，加上少许盐、鸡蛋清、淀粉搅匀上浆。取一个小碗，加入清汤、料酒、姜汁、剩余的盐、味精、水淀粉调成芡汁，备用。
3. 锅内放入花生油，烧至二三成热时，放入浆好的虾仁，滑至七八成熟时，放入香菇丁、青椒丁、红椒丁、胡萝卜丁、鲜蘑丁、火腿丁翻炒，然后倒入漏勺里控净油，再倒回炒锅中，翻炒两下，倒入调好的芡汁，颠炒几下，淋入花生油，出锅装盘即成。

制作者：陈道开

梅花鲜贝

主料

鲜贝·············200 克

配料

青豆·············25 克
香菇·············4 个
红樱桃············6 个
鸡蛋清···········150 克

调料

料酒·············6 克
味精·············2 克
姜汁·············8 克
盐···············3 克
清汤············适量
花生油···········适量
水淀粉···········适量
淀粉············适量
香菜叶···········适量
辣椒段···········适量

制作方法

1. 将鲜贝洗净，用清水略泡一会儿，捞出放入碗中，加入少许盐及鸡蛋清、淀粉调匀上浆。炒锅里放入花生油烧至二三成热时，放入浆好的鲜贝滑炒。

2. 鸡蛋清中放入少许盐、少许味精调匀，接着倒入 6 个梅花模子中，上蒸锅蒸透。上面摆上用红樱桃和香菜叶制成的花。

3. 取一个碗，放入清汤、剩余的盐、料酒、姜汁、剩余的味精、水淀粉调成芡汁备用。香菇洗净，切成粒，与青豆一起放入开水锅中焯熟。

4. 过油的鲜贝再倒回留有底油的炒锅里翻炒两下，倒入调好的芡汁翻炒后放入青豆、辣椒段和香菇粒，淋花生油出锅装入盛器中，把蒸好的梅花摆在四周即成。

制作者：张铁元

　　此菜是北京老字号柳泉居饭庄的一道传统名菜，是用鲜贝，加入蛋清和牛奶，采用软炒技法烹制而成的。成菜品相美观，色泽洁白，质地软嫩，特别适合老年人食用。曾在1988年荣获北京市优质品种称号，一般出现在宴会上，深受食客喜爱。

花篮鲜贝

主料

鲜贝·················· 150 克

配料

鸡蛋清·················· 4 个
牛奶·················· 50 克
青豆·················· 适量

调料

盐·················· 4 克
味精·················· 5 克
姜汁·················· 3 克
水淀粉·················· 50 克
清汤·················· 6 克
花生油·················· 适量
香菜·················· 适量
淀粉·················· 适量

制作方法

1. 将鸡蛋清放在梅花模子中，放入油锅内，炸成梅花形。

2. 将鲜贝洗净，加入少许盐及鸡蛋清、淀粉调匀上浆，放入三成热的油锅中滑透。再放入清汤、剩余的盐、味精、姜汁、牛奶和青豆，滑炒至熟透，淋入水淀粉勾薄芡。

3. 装入花篮坯中，用香菜梗制成篮子把，用叶装饰即成。

制作关键

1. 鲜贝过油时，油温不宜过高。

2. 芡汁不要过浓。

制作者：王高奇

245

　　此菜是北京老字号饭庄柳泉居的传统名菜，也是看家菜。曾获得北京市首届"京龙杯"美食大奖。此菜选料精，工艺细腻，讲究火候，造型美观，口味鲜咸，是宴会上的一道大菜。

制作关键

1. 干贝一定要发好，要发得适度、完整。

2. 蒸鸡蛋清时要严格掌握好火候，以免蒸老了。

3. 炒芡汁时要炒得明亮，不宜过浓。

梅花干贝

主料

干贝·····················100 克

配料

黄瓜·····················25 克
红樱桃·····················5 个
鸡蛋清·················150 克

调料

料酒·····················6 克
盐·······················3 克
姜汁·····················8 克
味精·····················2 克
水淀粉···················适量
清汤·····················适量
葱段·····················适量
姜片·····················适量
花生油···················适量

制作方法

1. 将干贝洗净，用清水浸泡。沥干水后取出，放入碗中，加入清汤、葱段、姜片、料酒搅匀。放入蒸锅内蒸透。

2. 鸡蛋清中放入盐、味精调匀，接着倒入6个梅花模子中，上蒸锅蒸透。将黄瓜洗净，切成圆片。取5个红樱桃，从中间一切两半。

3. 将蒸透的干贝控净汤，摆入盘中，将蒸好的鸡蛋清去模，放在干贝的四周，将黄瓜片、红樱桃依次放在蒸好的鸡蛋清上。锅里放入清汤，加入姜汁烧开，淋入水淀粉勾薄芡，再淋花生油即成。

制作者：南书旺

　　"绣球干贝"是北京传统名菜，著名京剧艺术家马连良、尚小云等爱食此菜。"绣球干贝"是集虾肉之鲜、猪肉之醇与干贝之嫩制成的一款美馔，蒸熟浇汁后洁白光亮，观之形若绣球，品之嫩爽多汁，鲜而不腻，回味甘美滑润。

制作关键

1. 干贝涨发时选用蒸发法：将干贝洗净，放在碗内用开水冲净，放凉后撕去外层老皮，加入姜片、葱段、料酒等蒸 50 分钟至透明即可。
2. 拌丝和浇汁时，口味不可太重，要更突出鲜味。
3. 上笼蒸制时火力不宜太大，蒸至断生即可，以突出绣球干贝质地软嫩的特点。
4. 蒸时要用大火，芡汁不可过浓。

绣球干贝

主料

水发干贝 ············· 150 克

配料

猪肉末 ················· 150 克
青椒丝 ················· 25 克
红椒丝 ················· 25 克
木耳丝 ················· 20 克
鸡蛋黄 ················· 1 个

调料

盐 ····················· 6 克
味精 ··················· 4 克
清汤 ··················· 250 克
水淀粉 ················· 25 克
料酒 ··················· 6 克
葱姜水 ················· 10 克
葱段 ··················· 适量
姜片 ··················· 适量
鸡油 ··················· 适量

制作方法

1. 水发干贝用清水洗净，加入水、少许料酒及葱段、姜片，上屉蒸至透明，取出沥干，撕成细丝。青椒丝、红椒丝、木耳丝放入开水锅中焯一下，备用。

2. 猪肉末里加入少许葱姜水、少许盐、少许味精、少许料酒和鸡蛋黄搅拌均匀。

3. 再加入水搅打至上劲儿，挤成核桃般大小的丸子。丸子外面裹匀干贝丝，放入盘中，上蒸锅蒸至熟透。

4. 蒸好的丸子沥去汤水，摆入盛器中。锅上火，加入清汤及剩余的料酒、剩余的盐、剩余的味精、剩余的葱姜水，开锅后撇去浮沫，用水淀粉勾薄芡，淋上鸡油，浇在丸子上，放入青椒丝、红椒丝、木耳丝点缀即可。

制作者：张铁元

　　此菜是用鲜贝和羊肚菌再加上其他原料烹制而成的。它的烹饪技法属于爆。

　　爆菜对主料的一般要求是质地脆嫩或柔嫩，多以动物性原料为主料，可相应配以植物性原料，加热时间短，急、速、烈，芡汁多为抱汁，对火候的要求非常严格。绝大多数爆菜要用水氽、油炸或油滑，爆制一气呵成。根据加热媒介和配料、调料、芡汁等的特点，爆又分为油爆、芫爆、酱爆、葱爆、汤爆、水爆等多种方法。

制作关键

1. 鲜贝氽水时，时间不宜过长。
2. 炒制时要掌握好火候。

碧绿菌皇烧鲜贝

主料

鲜贝·················· 200 克

配料

水发羊肚菌··········· 20 克

红椒·················· 15 克

西蓝花··············· 15 克

调料

土豆淀粉·············· 30 克

盐··················· 2 克

味精·················· 2 克

葱油·················· 5 克

料酒················· 10 克

橄榄油··············· 10 克

高汤················· 适量

姜片················· 适量

葱段················· 适量

清汤················· 适量

制作方法

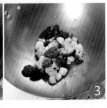

1. 将发好的羊肚菌洗去泥沙，和西蓝花一起放入开水中焯一下。红椒洗净，切成菱形片。

2. 将鲜贝放入开水锅中氽透。洗净的羊肚菌放入高汤中煨至充分入味，捞出控干水。

3. 锅内倒入橄榄油，放入姜片、葱段爆香，下入羊肚菌，倒入鲜贝、西蓝花、红椒片，调入盐、味精、料酒、清汤翻炒均匀，用土豆淀粉勾薄芡，淋上葱油即可。

制作者：尤卫东

芫爆鱿鱼

主料

鲜鱿鱼············300 克

调料

香菜············	30 克
料酒············	10 克
姜汁············	6 克
盐············	3 克
味精············	3 克
蒜片············	5 克
胡椒粉············	适量
清汤············	适量
香油············	适量
醋············	适量
葱段············	适量
花生油············	适量
姜丝············	适量
辣椒段············	适量

制作关键

1. 鱿鱼一定要新鲜。

2. 刀口要均匀。

3. 炒制时动作要快。

制作方法

1. 将鲜鱿鱼去掉筋膜，洗净，剞上笔筒花刀，放入开水锅中余一下。

2. 香菜去叶留梗，切成段。将料酒、清汤、盐、味精、葱段、姜汁、少许蒜片、香油、胡椒粉调成料汁。

3. 锅内倒入花生油烧至四五成热时，放入余好的鱿鱼过一下油，立即捞出。锅内留底油烧热，放入葱段、姜丝、剩余的蒜片、辣椒段煸炒出香味后，放入鱿鱼，用大火急速翻炒。

4. 放入调好的料汁和香菜段，烹入醋即可。

制作者：段建部

玲珑花枝球

制作方法

1. 将鲜墨鱼去掉筋膜，洗净，控干水。将猪肥膘、墨鱼分别剁成蓉，放入碗中。

2. 碗中加入葱姜水、盐、鸡蛋清、淀粉，搅拌均匀，挤成一个个小丸子，放温水锅中，制成墨鱼丸。

3. 将青笋、胡萝卜刻成玲珑球，过水烫一下。

4. 锅中倒入花生油烧热，放入汆好的墨鱼丸、青笋球和胡萝卜球炒熟，淋上米酒和葱油，放入盘中，撒上藏红花点缀即可。

制作关键

1. 一定要搅拌均匀。

2. 汆水时间不宜过长。

3. 芡汁不宜过多。

主料

鲜墨鱼…………100 克

配料

猪肥膘…………25 克
青笋…………150 克
胡萝卜…………150 克
鸡蛋清…………1 个

调料

盐…………3 克
米酒…………15 克
葱姜水…………10 克
葱油…………适量
花生油…………适量
藏红花…………适量
淀粉…………适量

制作者：张奇

　　煨烧海参是清末慈禧喜食的一款佳肴。此菜主料选用海之珍品——具有大补之功效的海参为主料，煨烧得当。烹制后的海参软糯适口，滋味醇正鲜美，入口鲜嫩清香，是一款营养丰富之珍馐。

　　此菜是老北京人喜食的一道海味菜。干海参需先涨发再烹制。海参以其肉质细嫩，富有弹性，爽利滑润的口感取胜。此菜成熟后色泽红润油亮，海参鲜咸软嫩，特别适合老年人食用。

制作关键

1. 灰刺参的两头一定要洗净，否则容易含有杂质。
2. 勾芡时最好采用淋芡法。

煨烧海参

主料

水发灰刺参·········400 克

配料

西蓝花··············1 个
青豆·················适量

调料

酱油·················5 克
料酒·················15 克
白糖·················3 克
姜汁·················5 克
味精·················3 克
水淀粉··············适量
葱姜油··············适量
清汤·················适量

制作方法

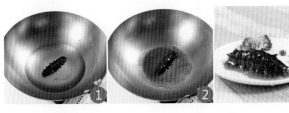

1. 发好的灰刺参去掉内脏，洗净，在膛里剞上花刀，放在开水锅中余一下，捞出控净水。西蓝花洗净，撕成小朵，与青豆一起放入开水锅中焯熟。

2. 锅里放入葱姜油烧热，加入清汤、酱油、料酒、姜汁、白糖、味精烧开，撇去浮沫，放入余好的灰刺参，先用大火烧开，再改用小火烧至入味。

3. 用水淀粉勾薄芡，再淋入葱姜油，出锅装入摆好西蓝花和青豆的盘中即成。

制作者：黄晓荣

　　烤炉肉是北京宫廷菜中独有的烤炙品，皮酥肉嫩。炉肉经再加工，或蒸或扒，可做出多种菜肴。过去的厨师把它和海参烹制在一起，味道鲜醇、咸香，口感软糯，色红亮。炉肉皮红肉白，肥而不腻，清香味美，海参乌黑油亮。炉肉烧海参是宴会上的一道传统菜。

制作关键

1. 水发灰刺参要洗净。

2. 这是一道烧菜，要用清汤煨至入味，芡汁不宜过多。

炉肉烧海参

主料

水发灰刺参·········500 克

配料

猪五花肉············250 克

调料

酱油····················8 克
料酒··················10 克
盐·······················1 克
味精···················2 克
白糖···················2 克
清汤················200 克
水淀粉···········100 克
葱姜油············40 克
糖色·················适量
葱段·················适量
姜片·················适量
薄荷叶·············适量

制作方法

1. 猪五花肉经过烤制，制成炉肉，切成长约 8 厘米、宽约 3 厘米的片。

2. 锅里倒入水烧热，放入葱段、姜片，将水发灰刺参去沙洗净，放入开水锅中余一下，用漏勺捞出，控水备用。

3. 锅上火，加入清汤，倒入酱油、料酒、盐、味精、白糖和糖色，开锅后撇去浮沫。

4. 将炉肉一片挨一片、皮朝下放入锅内，稍煨入味。接着下入灰刺参烧透入味，然后用水淀粉勾薄芡，淋入葱姜油，炒匀后放入盘中，用薄荷叶点缀即成。

制作者：陈钢

　　此菜选用上乘的沁州（古地名，今属山西长治市）黄小米和辽参作为主料进行烹制，是一款主食和副食原料结合，高档原料和普通原料结合，营养价值互补，极具推广前景的创新菜肴。辽参是海参的一种，主产于我国山东、辽宁一带，又称为刺参。

　　沁州黄小米是山西特产。它在我国已有悠久的栽培历史。由于其色泽金黄故又被称为金米。

制作关键

1. 要用沁州黄小米。
2. 海参在和小米烩制前，一定要用好汤煨至入味。

沁州黄米煨海参

主料

水发海参 ············· 10 克
沁州黄小米 ········ 500 克

配料

油菜心 ················ 10 棵

调料

盐 ························· 5 克
料酒 ····················· 10 克
胡椒粉 ··················· 5 克
白糖 ····················· 10 克
高汤 ··················· 1500 克
枸杞 ····················· 20 粒

制作方法

1. 将沁州黄小米洗净，放入大部分高汤中，上火熬成小米粥，加入少许盐调味。枸杞用水泡发好，备用。油菜心放入开水锅中焯一下。

2. 水发海参去掉杂质，洗净，放入开水锅中汆熟。锅上火，放入剩余的高汤、剩余的盐、料酒、胡椒粉、白糖调味，再放入海参煨至入味。

3. 将煨好的海参放入小米粥里。

4. 煨制 5 分钟后倒入盛器中，放上油菜心，撒上枸杞即成。

制作者：刘秋广

　　此菜是宫廷菜里的一道大菜，后传于民间一直流传至今。在北京，许多饭庄都经营这道菜。这道菜选用了高档原料灰参和猪蹄筋烧制而成，色泽红润油亮，味道鲜醇、咸香，口感软糯，是京城的一道名菜。

海参烧猪筋

主料

水发灰刺参 ········ 500 克
猪蹄筋 ············· 150 克

调料

清汤 ················· 适量
酱油 ················· 2 克
料酒 ················· 8 克
味精 ················· 3 克
白糖 ················· 2 克
盐 ·················· 适量
水淀粉 ··············· 适量
葱姜油 ··············· 适量
花生油 ··············· 适量
葱段 ················· 适量
姜片 ················· 适量

制作方法

1. 将水发灰刺参、猪蹄筋洗净，切成长条，放入开水锅中余一下，捞出控净水。

2. 锅里放入花生油，加入葱段、姜片、酱油、料酒，再放入灰刺参条、蹄筋条翻炒。

3. 加入清汤、白糖、盐、味精烧开，撇去浮沫，放在小火上烧至入味。

4. 淋入水淀粉勾成浓芡，再淋上葱姜油盛入盘中即可。

制作关键

1. 灰刺参、猪蹄筋要发得适度。灰刺参的内脏要提前去除，将灰刺参洗净。猪蹄筋的杂质要去净。

2. 在烧制猪蹄筋时，如果颜色不够深可以放入少许糖色。

制作者：陈钢

　　此菜在烹调技法上采用"葱烧"。葱烧是以葱为配料兼调料的一种烧制方法。

　　操作的关键在于炸葱，葱要用油充分炸出香味，灵活掌握火候。其他操作要点同红烧。大葱是我国北方常用的调味料，传说是远古时代神农氏尝遍百草而寻找出的一味良药。它具有特殊的香味和辛辣味，能起到开胃消食、驱寒发汗及杀菌利尿的作用。

葱烧海参

主料

水发灰刺参········· 300 克

配料

葱段·················适量

调料

料酒·················10 克
酱油··················5 克
味精··················4 克
白糖··················2 克
清汤··················适量
水淀粉················适量
葱姜油················适量

制作方法

1. 将水发灰刺参洗净，放入开水锅中氽一下。
2. 葱段放入油锅中炸成金黄色，备用。
3. 锅里放入酱油、料酒、白糖、清汤烧开，放入氽好的灰刺参和炸好的葱烧开，撇去浮沫。
4. 加入味精，放在小火上煨至入味，用水淀粉勾薄芡，淋上葱姜油出锅装盘即成。

制作者：李志强

此菜又名"平地一声雷""天下第一菜"。它是用虾仁、海参、冬笋和锅巴为主料制作而成的，是民间的一道传统名菜，后传入宫廷。

据传，此菜始于清乾隆年间。乾隆皇帝下江南时，在无锡某地一家小饭馆就餐，店家将家常锅巴用油炸酥，再将虾仁、熟鸡丝和鸡汤调制成卤汁，送上餐桌时将卤汁浇在预先准备好的锅巴上，顿时发出响声，阵阵香味扑鼻而来。只见那菜卤汁鲜红，锅巴金黄。再仔细一品尝，锅巴鲜香松酥，虾仁软嫩，酸甜咸鲜，美味可口。因在宫中从没有吃过这样的美味佳肴，乾隆皇帝当即称赞这道菜说："此菜如此美味，可称天下第一！朕一定要把此菜带回宫中，叫宫中的人也尝一尝。"

早在我国唐朝时期，一些地区就有用锅巴制作菜肴的习俗。民间一般用糖汁、肉末制汁浇拌锅巴。那只不过是一般菜，并无美名。自乾隆品尝后，又带回宫中，此菜名声大振，身价倍增，被誉为"天下一菜"，又因将汤汁倒在锅巴时的独特声音而被称为"平地一声雷"。

原料配方

主料

虾仁····················150 克
海参····················100 克
水发鲍鱼················50 克
锅巴····················75 克

配料

冬笋····················50 克

调料

花生油··················75 克
豆瓣葱···················6 克
姜末·····················5 克
料酒·····················8 克
味精·····················2 克
白糖····················25 克
盐·······················3 克
水淀粉··················适量
番茄酱··················适量
清汤····················适量

锅巴三鲜

制作方法

1. 将虾仁挑去虾线，洗净，沥干水后，放入开水锅中氽一下。

2. 将海参去除杂质，洗净，切成条。放入开水锅中氽一下。鲍鱼处理干净后，切成片。

3. 冬笋切成片，放入开水锅中氽一下。

4. 锅内加入少许花生油烧热，放入豆瓣葱、姜末，加入清汤、盐、番茄酱、味精、白糖、料酒烧开，再下入虾仁、冬笋片、鲍鱼片、海参条烧至入味，用水淀粉勾成二流芡，淋上少许热油，倒入碗内。

5. 将剩余的花生油烧热。将锅巴掰成大小均匀的块，放入油锅中，炸至金黄酥脆后，连同做好的三鲜汁一起上桌。食用时将热汁倒在锅巴上，略冷后便可食用。

制作关键

1. 虾仁一定要挑去虾线，洗净。

2. 锅巴要选用薄的糯米锅巴，并且要厚度均匀。炸锅巴时要掌握好油温。油温要高，锅巴涨发得快且不吸油，口感好。如果油温过低，锅巴涨发得慢，吃起油腻不酥。

制作者：杨忠海

燕窝有滋阴补肾、生精益血、强胃健脾等功效。在历代宫廷御用珍馐中被视为珍品。

此菜原来是选用燕窝中的佳品与鸽蛋一起制作的，称为鸽蛋燕窝，成为我国最著名的高级宴席——燕菜席的名菜，一直流传至今。现在一般用鹌鹑蛋代替鸽蛋制作。

鹌鹑蛋燕窝

主料

干燕窝·················· 25 克

鹌鹑蛋·················· 10 个

调料

盐·················· 2 克

料酒·················· 6 克

姜汁·················· 4 克

味精·················· 2 克

枸杞·················· 5 克

清汤·················· 适量

水淀粉·················· 适量

葱姜油·················· 适量

制作方法

1. 把干燕窝在温水中浸泡回软，轻轻捞出，择净杂质，再用温水清洗干净，用清汤煨至入味。

2. 将鹌鹑蛋放入开水锅中，煮熟剥皮。

3. 把锅置于火上，放入吊好的清汤，加入盐、料酒、姜汁、味精、燕窝和鹌鹑蛋煨至入味，烧开后撇去浮沫，用水淀粉勾薄芡，淋上葱姜油，用枸杞点缀即成。

制作关键

1. 清汤要吊制得色清、味鲜，这是关键。

2. 燕窝和鹌鹑蛋煨制时要用小火。

3. 芡汁不宜过浓。

制作者：南书旺

　　传说很久以前，有个叫侯瀛的中国人漂泊到南海，到暹罗国（今泰国）落脚谋生。一天，他在一个荒岛岩洞中，发现了从未见过的洁白无瑕的小鸟窝，他正饥饿难耐，就摘了一个，烧了热水，浸泡后吃了。很快他睡着了，清晨醒来感觉精神爽朗，原有的腰疼也好了。于是他又去摘了许多，拿到市场上卖，并把自己的体会说给旁人听。人们买回这白色发亮的小玩意儿，依法煮食，确实觉得提神益气，滋阴壮阳。后来，侯瀛雇人撑小船，闯海浪，攀藤入洞，采摘燕窝。于是，燕窝在南洋市场很快畅销开来，侯瀛觐见暹罗王，用贵重物品换取了在六个荒岛上独家采摘的权利，又从中国聘请名厨为暹罗王室烹制燕窝汤。美味滋补的燕窝从此享誉海外。后来暹罗王后悔了，取消了侯瀛的特权，而由王室直接管理燕窝的采摘。

　　此菜选用燕窝中的佳品与用精湛技艺吊制的清汤一起制作，二者合一，成为我国著名的高级宴席——燕菜席的名菜，一直流传至今。

双鲜燕窝

主料

干燕窝·················· 25 克
海参·················· 50 克
虾仁·················· 50 克

调料

盐·················· 2 克
清汤·················· 1000 克
葱段·················· 适量
姜片·················· 适量

制作方法

1. 将干燕窝在温水中浸泡回软，轻轻地捞出，择净杂质，再用温水洗净，发透后取出燕窝反复用清水漂洗，吸干水。

2. 将海参去除杂质，洗净。虾仁挑去虾线，洗净。锅里倒入开水，放入海参和虾仁分别余透，捞出控净水。锅中倒入清汤烧开，放入葱段和姜片，再加入余好的海参和虾仁烧制，将海参和虾仁盛入碗中。

3. 锅里留适量清汤烧开，放入发好的燕窝，撒入盐，煨透后倒入碗中即成。

制作关键

1. 燕窝发好后放在小盘里，倒入温水，在光线充足的地方择去杂质。

2. 燕窝发好后要多次漂洗，以除去异味。

制作者：李志强

明珠鲍鱼

主料

水发鲍鱼·········300 克

配料

鹌鹑蛋···········10 个

调料

料酒···········12 克
姜片···········10 克
葱段···········10 克
味精············4 克
水淀粉·········25 克
葱油···········10 克
清汤·········200 克
枸杞············适量

制作关键

1. 如使用罐头鲍鱼应以每桶 2 头为宜，取出后必须放入开水锅中氽一下，用清汤煨透入味。

2. 芡汁不可过稠，要保持菜肴熟后的亮度。

　　此菜是一道传统海味菜肴，所用主料为鲍鱼。鲍鱼也叫鳆鱼，是名贵的海产珍品，常年栖息于海藻丛生、多岩礁的海底。

　　明清时期，鲍鱼被列为"八珍"，成为名贵烹饪原料之一。鲍鱼用于烹调时，可做主料，也可做配料，可调制成多种口味，菜品菜式十分丰富。此菜是高档宴会上的一道大菜。品相美观，鲍鱼鲜嫩，鹌鹑蛋色白晶莹，形似珍珠，故得此名。

制作方法

1. 鹌鹑蛋放入开水锅中，煮熟剥皮。

2. 将发好的鲍鱼放入开水锅中氽一下。

3. 另起锅，放入清汤、料酒、姜片、葱段、味精，再放入鹌鹑蛋和鲍鱼，上锅煨至入味。

4. 淋入水淀粉勾薄芡，再淋上葱油，盛入盘中，撒上枸杞即可。

制作者：于海祥

第四章

北京风味

凉菜/汤煲

春回大地

主料

五香肘花 …………… 1 个

酱牛肉 …………… 250 克

叉烧鱼肉 ……… 250 克

鸡肉紫菜卷 ……… 1 个

盐水虾仁 …………12 只

黄蛋糕 …………… 1 块

白蛋糕 …………… 1 块

黄瓜 …………… 2 根

西蓝花 …………… 5 朵

红心萝卜 ………… 1 根

胡萝卜 …………… 1 根

草菇、香菇、鸡蛋丝

…………… 各适量

制作方法

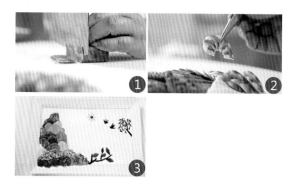

1. 将五香肘花、酱牛肉、叉烧鱼肉、鸡肉紫菜卷、
黄蛋糕、白蛋糕、黄瓜切成片。香菇焯熟，切成
飞燕的形状，黄瓜切成树的形状。将红心萝卜、
胡萝卜刻成花，将鸡蛋丝填在花朵内。盐水虾仁
切成片。

2. 把切好的各种主料摆在盘中，再摆上虾仁片、西
蓝花、焯熟的草菇，做成山的形状。

3. 最后在盘中的适当部位摆上做好的飞燕、树和花
即可。

制作关键

1. 切片时注意片不宜太厚。

2. 山要形象生动，色泽搭配要合理。

制作者：刘秋广

鼓楼风光

制作方法

1. 将五香肘花、酱牛肉、叉烧鱼肉、鸡肉紫菜卷、黄蛋糕、白蛋糕、茭瓜、红心萝卜、胡萝卜切成片。

2. 将盐水虾仁切成片。黄瓜切成树的形状。

3. 把切好的各种主料摆在盘子的左边，再摆上西蓝花、海藻，形成山的形状。

4. 在盘子的右边摆上红心萝卜片、胡萝卜片、黄蛋糕片、鸡肉片、西蓝花，再用黄蛋糕刻一个亭子，组成鼓楼的形状。

主料

五香肘花…………… 1 个
酱牛肉…………… 250 克
叉烧鱼肉………… 250 克
鸡肉紫菜卷……… 1 个
盐水虾仁………… 12 只
黄蛋糕…………… 2 块
白蛋糕…………… 1 块
黄瓜……………… 2 根
西蓝花…………… 8 朵
红心萝卜………… 1 根
胡萝卜…………… 1 根
茭瓜……………… 1 根
海藻……………… 适量

制作者：刘秋广

萝卜卷

此菜原属于宫廷菜中的小凉菜，是由民间的"糖醋萝卜卷"改良而来。制作此菜必须要有精湛的刀工，才能切出细如发的萝卜丝和薄如纸的萝卜片来。糖醋萝卜卷味道酸甜爽口，脆嫩鲜香，通气开胃，很适合春天食欲不振的时候食用，是一道佐酒佳肴。

主料

白萝卜·············300 克
红心萝卜·········300 克

调料

盐····················· 3 克
白糖················25 克
白醋················10 克
花椒················适量
香油················适量

制作关键

1. 白萝卜片要薄，红心萝卜丝要细。
2. 腌制要入味，萝卜卷要瓷实。

制作方法

1. 将白萝卜去皮改刀，切成长方形薄片。红心萝卜去皮，切成细丝。

2. 将白萝卜片、红心萝卜丝分别用盐、花椒腌制10分钟，挤干水，加入白糖、白醋、香油腌至入味。将腌好的白萝卜片平铺在砧板上，放入红心萝卜丝，卷成圆柱体。

3. 依次做好萝卜卷，摆入盘中即成。

制作者：刘秋广

炝拌鸭舌

主料

鸭舌⋯⋯⋯⋯⋯300 克

调料

红辣椒⋯⋯⋯⋯⋯30 克

姜汁⋯⋯⋯⋯⋯⋯10 克

盐⋯⋯⋯⋯⋯⋯⋯3 克

生抽⋯⋯⋯⋯⋯⋯5 克

花椒⋯⋯⋯⋯⋯⋯2 克

胡椒粉⋯⋯⋯⋯⋯3 克

葱段⋯⋯⋯⋯⋯⋯15 克

姜片⋯⋯⋯⋯⋯⋯15 克

清汤⋯⋯⋯⋯⋯⋯适量

味精⋯⋯⋯⋯⋯⋯3 克

葱丝⋯⋯⋯⋯⋯⋯适量

制作方法

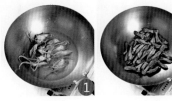

1. 将鸭舌洗净，放入开水锅中略烫一下，捞出沥干水，去除舌膜、舌筋。红辣椒切成圈。

2. 将鸭舌放在开水锅里氽一下，捞出再放入另一个锅中，加入姜汁、葱段、姜片、花椒、生抽、清汤卤至八成熟时，放入少许红辣椒圈，将鸭舌卤至成熟，捞出。

3. 另起锅，放入卤熟的鸭舌，加入盐、味精、胡椒粉拌匀，腌至入味，盛出摆盘，撒上剩余的红辣椒圈和葱丝即可。

制作关键

1. 鸭舌一定要处理干净。

2. 可以用卤鸭舌剩下的卤汁腌制。

制作者：刘秋广

家庭版清酱肉

此菜是北京著名的传统风味食品之一，也是清朝宫廷的名菜之一。有人管它叫京式火腿，可以与南方的火腿相媲美，但它类似火腿而不是火腿。南方火腿是带骨腌制的，清酱肉则是去骨腌制的。火腿是生的。清酱肉则是制成后切成薄片，吃起来清香不腻，越嚼越香，食用起来比火腿方便，并且能与很多原料搭配成菜肴，既可做主料，也可做配料。清酱肉用来佐酒是极好的下酒菜，用刚出炉的芝麻酱烧饼夹清酱肉则另有一番风味。

清末到 20 世纪 40 年代，清酱肉一直受到中外人士的称赞和喜欢。开设在前门大街的天盛号肉铺就是以制作清酱肉出名的，每天都要将其送往各大饭庄。一两多的清酱肉能切成 15 片左右薄片，薄得可以看见盛器的花纹。天盛号制作的清酱肉月销售可达千斤以上。清酱肉的制作要历时 8 个月之久，加工技术虽不难，但制作工艺还是较为复杂的。制作时间必须在每年的霜降以后至春节前。选用膘肥两厘米以上的猪后臀尖，绝大部分要用瘦肉，并要平整成形，剔去骨后用盐掺上胡椒末抹在肉的表面和肉皮上，用手反复揉搓以借盐的作用逼出肉内的水来。把肉放在案子上，肉上面压上厚木板，上压大块石头以压去没有流尽的水。每天要搬开石头和木板，适量放盐晾一晾后再压上，如此持续几天。然后把压好的肉放入缸内用酱油浸泡。每天翻倒一次，连续多天。挂在不向阳的地方或通风的室内风干起来。自春节挂到霜降前后，从肉皮上出油，天越热油越多，直到油往下滴时，即可放在缸内保存，用其烹制菜肴时需先洗净煮熟。

主料

猪五花肉………… 3000 克

调料

酱油………………… 25 克

盐………………………… 3 克

八角………………………… 3 个

白酒………………… 25 克

香料包……………………… 1 个

香叶……………………… 适量

花椒……………………… 适量

制作方法

制作关键

1. 揉搓肉时，调料要揉均匀。
2. 蒸肉时要掌握好火候。

1. 将猪五花肉的皮毛刮净，用竹签在肉上扎些小孔便于入味。然后用白酒、盐、花椒反复揉搓均匀，皮朝上放在案板上，压上一块木板，木板上适当地放些重物压上一晚。再放入缸内，加入少许酱油、花椒、八角腌制一周后取出，用铁钩钩好，挂在阴凉通风处，晾4天左右。

2. 锅里倒入水，放入香料包、花椒、香叶、剩余的酱油烧开。将腌好的五花肉取出，放入卤锅内，卤至熟烂。

3. 将卤好的五花肉取出放凉，切成薄片，整齐地码放在盘里即成。

制作者：郭文亮

　　鲫鱼是中国历史悠久的食用鱼之一。酥鲫鱼是传统酥鱼的一种。酥鱼，也称骨酥鱼，据说起源于我国的骨酥鱼之乡邯郸，魏晋时期由民间传入宫中，北宋初年被宋太祖赵匡胤（祖籍河北涿州）下圣旨御封，从此尊称"圣旨骨酥鱼"，后由宫中传入北京民间。厨师们经过不断改进，久而久之将它做成了老北京的传统风味菜，一直流传至今。这是一道北京传统下酒菜，制作此菜很费时间。此菜火候要掌握好，才能做到肉刺全酥，入口酥香鲜美，回味无穷。

酥鲫鱼

主料

鲜鲫鱼⋯⋯⋯⋯⋯ 3000 克

调料

香油⋯⋯⋯⋯⋯⋯⋯ 30 克
酱油⋯⋯⋯⋯⋯⋯⋯ 250 克
醋⋯⋯⋯⋯⋯⋯⋯⋯ 300 克
料酒⋯⋯⋯⋯⋯⋯⋯ 300 克
味精⋯⋯⋯⋯⋯⋯⋯⋯ 4 克
白糖⋯⋯⋯⋯⋯⋯⋯ 250 克
冰糖⋯⋯⋯⋯⋯⋯⋯ 150 克
五香粉⋯⋯⋯⋯⋯⋯⋯ 7 克
豆蔻⋯⋯⋯⋯⋯⋯⋯⋯ 3 克
花椒⋯⋯⋯⋯⋯⋯⋯⋯ 3 克
八角⋯⋯⋯⋯⋯⋯⋯⋯ 3 克
姜片⋯⋯⋯⋯⋯⋯⋯ 30 克
葱段⋯⋯⋯⋯⋯⋯⋯ 150 克
糖色⋯⋯⋯⋯⋯⋯⋯ 50 克
清汤⋯⋯⋯⋯⋯⋯⋯ 250 克
蒜⋯⋯⋯⋯⋯⋯⋯⋯ 1 头
桂皮⋯⋯⋯⋯⋯⋯⋯ 适量
丁香⋯⋯⋯⋯⋯⋯⋯ 适量
香菜叶⋯⋯⋯⋯⋯⋯ 适量
花生油⋯⋯⋯⋯⋯⋯ 适量

制作方法

1. 将鲜鲫鱼去鳞、腮、内脏，洗净。锅里倒入花生油，放入少许葱段、少许姜片，再放入处理好的鲫鱼。蒜剥去皮。

2. 锅内倒入清汤，加入酱油、醋、料酒、白糖、味精、冰糖、五香粉、桂皮、丁香、豆蔻、花椒、八角、剩余的姜片、剩余的葱段、蒜、糖色、香油烧开，撇去浮沫。

3. 放在小火上慢慢烧开，把鱼煨至酥烂时，挑出桂皮、丁香、豆蔻、花椒、姜片、葱段、蒜，盛出，摆入盘中，用香菜叶点缀即成。

制作关键

1. 码放鱼时要一层层码放整齐，注意要用小火煨鱼，烧开后最好不要打开盖。

2. 鱼煨好后，放凉以后再装盘，以免鱼碎，要保持鱼体完整。

制作者：刘秋广

　　"文思豆腐"是寺庙里的一道传统名菜。据说它始于清代,至今已有300多年的历史。传说清乾隆年间,扬州古寺有位名叫文思的和尚,十分擅长制作各式豆腐菜肴,特别是他用嫩豆腐、金针菇、木耳等原料制作的豆腐汤,异常鲜美。来烧香拜佛的人们无不喜欢品尝此汤,故在扬州地区颇为扬名。据说,乾隆皇帝曾品尝过此菜,它还一度成为宫廷菜,后又传到一些吃斋念佛的当官的人家中,久而久之成为官府菜。因为该菜是文思和尚所制,故人们称之为"文思豆腐"。

　　现在的"文思豆腐羹"与清代不同,用料和制作方法上都比过去更加考究,滋味更为鲜美。

文思豆腐羹

主料

豆腐··························1 块

配料

水发冬菇··············25 克
冬笋···················10 克
熟火腿·················25 克
鸡脯肉·················50 克

调料

盐·····················2 克
清汤···················750 克
枸杞·················适量

制作方法

1. 用刀切去豆腐的老皮，将豆腐切成细丝，放入碗中，用沸水焯一下。

2. 将水发香菇、冬笋、熟火腿、鸡脯肉分别切成细丝，放入盘中，再放入开水锅中余熟。枸杞用水浸泡一会儿。

3. 锅里倒入清汤烧沸，放入鸡肉丝、香菇丝、冬笋丝、火腿丝，加入盐，烧沸后盛入碗中。

4. 同时，另一只锅里倒入清汤烧沸，倒入豆腐丝，稍一浮起，用漏勺捞中，放入碗里，用枸杞点缀即成。

制作关键

1. 豆腐丝要切得细且均匀。

2. 火腿、鸡肉的丝要切得细一些。

制作者：韩应成

一品燕窝

主料

干燕窝·············15 克

调料

清汤·············1000 克
盐·················1 克
枸杞·············1 粒
碱·················适量

制作方法

1. 将干燕窝放入温水中浸泡回软，轻轻捞出，择净燕窝和杂质，再用温水洗净，放入适量的碱搅拌调匀，燕窝发透后取出，反复用清水漂洗，直到去掉碱味，捱干水。

2. 锅里放入清汤烧开，放入发好的燕窝，调入盐，煨一会儿后捞出，盛入盛器中，用枸杞点缀即可。

制作者：杨星儒

雪菜酸汤鸡

主料

三黄鸡⋯⋯⋯⋯500克

配料

雪菜⋯⋯⋯⋯⋯100克

调料

红油⋯⋯⋯⋯⋯15克
醋⋯⋯⋯⋯⋯⋯30克
酱油⋯⋯⋯⋯⋯3克
盐⋯⋯⋯⋯⋯⋯3克
鸡粉⋯⋯⋯⋯⋯15克
花生油⋯⋯⋯⋯适量
酸汤⋯⋯⋯⋯⋯适量
葱段⋯⋯⋯⋯⋯适量
姜片⋯⋯⋯⋯⋯适量
料酒⋯⋯⋯⋯⋯适量

制作方法

1.将三黄鸡清洗干净，切成块，加入葱段、姜片、料酒、少许盐腌至入味，备用。

2.将雪菜清洗干净，切成3厘米长的段，放入盘里。

3.把腌好的鸡块放入开水锅中余一下，雪菜段放入开水锅中烫一下，捞出控干水。

4.锅里放入花生油烧热，放入葱段、姜片煸炒出香味后，加入鸡块和雪菜段，用剩余的盐以及酱油、鸡粉、酸汤、醋、红油调成酸辣味的汤，炖至熟烂，盛入盛器即可。

制作关键

1. 鸡块不宜过大。

2. 调制酸辣味时要掌握好所加调料的先后顺序。

制作者：母东

283

砂锅白肉

"砂锅白肉"是地道的北京传统名肴，至少有200年的历史。据说早年间，清朝皇室、王府每年的祭神、祭祖仪式都要以全猪作为祭品。皇帝举行婚礼大典，也必以自煮全猪宴赏皇亲国戚。吃时大家席地而坐，用刀片食全猪，以示不忘祖宗之遗风。每次宴罢或祭祀完毕，就把剩下的肉赏给众侍者，更夫们有时也一饱口福。

相传王府里的更夫在品尝之余突发奇想，想起府外的平民百姓肯定没吃过这样的肉。假如把这种烧、燎、白煮的吃法推广出去，岂不有利可图？于是大家商量了一番，联络了府里的一个厨师，在临街的地方租了几间小房，他们晚上打更，白天煮肉卖。白肉小馆就这样开张了，在门脸上请人写了"和顺居"三个大字，取"和和顺顺"之意。他们用的大锅是从王府里弄来的煮肉的砂锅，传说是一口"神锅"，只要注入一锅清水，一夜之间就会变成满锅油汪汪的白汤。肉香给锅添上一层神秘的色彩，锅的神话又给肉香添上了无形的翅膀。在当地一传十，十传百，愈传愈神，人们只知砂锅不知"和顺"，索性大家就叫它"砂锅居"了。

砂锅白肉，肉白汤肥，再加上油菜、粉丝做辅料，荤素相宜，食用时再蘸上韭菜花、酱油、辣椒油等风味更佳，深受食客的喜爱。

主料

猪肉······200 克

配料

水发粉丝······100 克
油菜······150 克
海米······25 克

调料

味精······3 克
白汤······300 克
酱豆腐汁······适量
韭菜花······适量
蒜泥······适量
酱油······适量
辣椒油······适量
盐······适量

制作方法

制作关键

1. 猪肉最好选用猪后臀尖肉，因为此部位猪的肉质地细嫩、肥瘦均匀，另外也可以用肥瘦均匀的五花肉。

2. 应将生肉煮一下，洗去血污，再切成厚薄均匀的片。

3. 粉丝、油菜、白肉的比例要适当。注意保持砂锅里白肉的形状整齐。

4. 汤烧开后，不再用大火，改用小火炖透。

1. 将猪肉刮洗干净，切成大块，放入开水锅中煮至断生，捞出。

2. 将煮好的猪肉块放凉，切成薄片。

3. 取一个砂锅，锅底可用油菜、水发粉丝、海米垫底，将肉片整齐地摆在上面，加入白汤、味精、盐调好味，用大火烧开，再转小火炖透即可。将酱豆腐汁、韭菜花、蒜泥、酱油、辣椒油等调匀制成酱汁，随砂锅一同上桌即可。

制作者：谢延慧

　　此菜是满汉全席里的一道羹菜。据传在春秋时期，楚文王极爱食鱼，每次用餐，其他山珍海味可以少，唯鱼不可缺。有一次他外出后回宫，见做好的武昌鱼很好，便大口大口地吃了起来，不料，一根鱼刺扎破了他的喉咙。这下可不得了了。楚文王怒不可遏，大发雷霆，命人将司宴官斩首。从此以后，谁也不敢为他做鱼吃了，但楚文王又非常喜欢吃鱼，该怎么办呢？于是聪明的厨师将鱼斩去头和尾，去皮去骨剁成鱼肉蓉，做成鱼圆小心奉上。楚文王吃起来觉得鲜香可口，也不用担心鱼刺扎破喉咙了。从此鱼圆菜就在楚宫里保留下来，一朝一代地流传下来。到了清代，在宫里很多一品大员吃后都对它有很高的评价，称之为"银珠鱼"，同时又因其形状极似蚕茧故名"茧儿羹"。它多次出现在满汉全席上。

制作关键

1. 制作鱼蓉时，注意要挑筋、过笝。

2. 调馅料时，注意不要过早放盐。

茧儿羹

主料

黑鱼·····················1 条

配料

油菜心·················4 棵
蛋清·····················2 个
芹菜叶·················适量

调料

姜末·····················6 克
葱末·····················4 克
料酒·····················10 克
盐·························3 克
味精·····················2 克
猪油·····················50 克
香油·····················适量
清汤·····················适量
枸杞·····················适量

制作方法

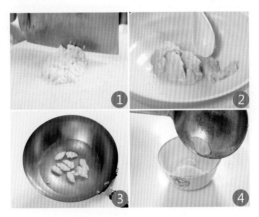

1. 将黑鱼处理干净后，取鱼肉剁成蓉。油菜心放入开水锅中焯一下。
2. 鱼蓉里加入葱末、姜末、少许料酒、少许味精、蛋清、猪油、少许盐搅打均匀，制成馅料。
3. 锅里倒入清汤，烧热后把馅料挤成蚕茧状下到锅里，加入剩余的料酒、剩余的味精、剩余的盐煮一会儿，待全都浮起来，淋入香油便可出锅。
4. 盛入汤碗里，放上油菜心，用芹菜叶、枸杞点缀即可。

制作者：韩应成

菠菜银鱼羹

主料

银鱼··············150 克
菠菜··············200 克

配料

蛋皮丝··············适量

调料

葱段··············· 4 克
姜片··············· 3 克
盐··············· 3 克
料酒··············· 8 克
姜汁··············· 6 克
味精··············· 2 克
鸡油···············适量
清汤···············适量
水淀粉···············适量

制作方法

1. 将银鱼洗净，加入葱段、姜片、少许料酒腌制片刻。将菠菜洗净，切成蓉。

2. 银鱼放入开水锅中氽一下，捞出。另起锅，锅内倒入清汤烧开，放入银鱼和菠菜蓉，加入盐、剩余的料酒、姜汁、味精调味。见银鱼已熟，淋入水淀粉勾薄芡，再淋上鸡油，盛入盛器中，放上蛋皮丝即成。

制作关键

1. 菠菜蓉一定要切细。
2. 芡汁不宜过浓。

制作者：黄晓荣

酸辣乌鱼蛋汤

制作方法

1. 将乌鱼蛋清洗干净，去除表层皮脂，放入凉水锅中，大火烧开后煮透，再浸泡 10 分钟。将浸泡好的乌鱼蛋放入清水中浸泡多次，以除去乌鱼蛋咸腥、苦涩的滋味，然后清洗干净。

2. 锅中倒入鸡汤烧开，撇去浮沫，放入黄酒、盐、少许白胡椒粉、少许米醋烧开，淋入调稀的水淀粉，使汤汁形成米汤芡的浓稠度，再放入乌鱼蛋。

3. 将浮在汤汁上的乌鱼蛋盛入汤碗中，淋上香油和剩余的米醋，撒上香菜碎、剩余的白胡椒粉即成。

制作关键

1. 乌鱼蛋一定要去掉异味和咸味。

2. 芡汁不宜过浓。

主料

乌鱼蛋··········100 克

调料

香菜碎··········10 克
鸡汤··········500 克
盐··········2 克
黄酒··········10 克
白胡椒粉··········5 克
水淀粉··········20 克
香油··········5 克
米醋··········10 克

制作者：何文清

　　莼菜分两季出产，春季的比秋季的更加鲜嫩，入肴后口感也更佳。过去为了保持莼菜的鲜嫩口感，地方官吏们想方设法用飞骑传送到京城，以满足御膳的需要。现在莼菜不仅畅销国内，还远销国外。

虾仁莼菜羹

主料

莼菜·················· 300 克

虾仁·················· 100 克

调料

盐·················· 3 克

料酒·················· 8 克

姜汁·················· 6 克

味精·················· 2 克

鸡油·················· 适量

清汤·················· 适量

水淀粉·················· 适量

制作方法

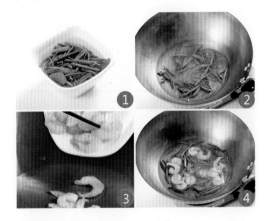

1. 将莼菜用清水浸泡，清洗干净。虾仁去沙线，洗净。

2. 莼菜放入开水锅中焯一下后捞出，放入汤碗中。

3. 锅中倒入清汤烧开，放入虾仁，加入盐、料酒、姜汁、味精调好味。见虾仁已熟，淋入水淀粉勾薄芡。

4. 淋上鸡油，盛入汤碗中即成。

制作关键

1. 如果用罐头装的莼菜，一定要反复浸泡，清洗。

2. 虾仁最好用河虾仁。

3. 勾薄芡时，芡汁不宜过浓。

制作者：杨星儒

后记

　　《北京风味菜》一书，经过两年多的策划、编写、制作、拍摄终于与读者见面了。首先要感谢青岛出版社的各位领导和北京浩瀚世视摄影有限公司的董事长刘志刚、摄影师刘计两位先生的支持和帮助。在此书的编写过程中得到了国际饮食养生研究会会长张文彦先生的关心和支持。在此向张文彦会长表示衷心的感谢。我们还要感谢北京味邦餐饮管理有限责任公司餐厅经理李传刚先生，北京聚德华天职业技能培训学校校长张玉明先生及主任陈力女士，问月楼餐饮有限公司总经理杜长亮先生及厨师长尤卫东先生，北京大碗茶文化发展有限公司老舍茶馆行政总厨李志刚先生，北京湘上香餐饮有限公司行政总厨柳建民先生，在菜肴制作和拍摄过程中给予的大力支持和帮助。感谢清华大学观畴园餐厅总经理张奇先生。在此我们全体编委向你们致以深深的感谢，谢谢你们了！

　　编写此书旨在传承中国博大精深的烹饪文化和烹饪技艺，为更多喜爱中国烹饪的同行、朋友们搭建交流的平台，使大家能有所借鉴和互相帮助。传承烹饪技艺是我们每一名厨师的责任。

　　由于我们水平有限，书中难免有不妥之处，敬请各位前辈、同行、读者不吝赐教，在此表示感谢。

　　请各位多提宝贵意见。

　　谢谢！

全体编委